VBA エキスパート 公式テキスト

Excel VBA スタンダード

- Microsoft、Windows、Excel は、米国 Microsoft Corporation の米国およびその他の国における登録商標または商標です。
- その他、本文に記載されている会社名、製品名は、すべて関係各社の商標または登録商標、商品名です。
- 本文中では、™マーク、®マークは明記しておりません。
- 本書に掲載されているすべての内容に関する権利は、株式会社オデッセイ コミュニケーションズ、または、当社が使用許諾を得た第三者に帰属します。株式会社オデッセイ コミュニケーションズの承諾を得ずに、本書の一部または全部を無断で複写・転載・複製することを禁止します。
- 株式会社オデッセイ コミュニケーションズは、本書の使用による「VBAエキスパート　Excel VBAスタンダード」の合格を保証いたしません。
- 本書に掲載されている情報、または、本書を利用することで発生したトラブルや損失、損害に対して、株式会社オデッセイ コミュニケーションズは一切責任を負いません。

はじめに

本書は、「VBAエキスパート」を開発したオデッセイ コミュニケーションズが発行するVBAの学習書です。

VBAエキスパートは、ExcelやAccessのマクロ・VBAスキルを証明する資格として、2003年4月にスタートしました。ビジネスの現場でよく使われる機能に重点をおき、ユーザー自らがプログラミングするスキルを客観的に証明する資格です。VBAエキスパートの取得に向けた学習を通して、実務に役立つスキルが身に付きます。

本書は、VBAエキスパートの公式テキストとして、「Excel VBAスタンダード」の試験範囲を完全にカバーしており、試験の合格を目指す方はもちろん、VBAを体系的に学習したい方にも最適な学習書として制作されています。
学習する上で大切なポイント、学習者が間違えやすいところは具体的な例を挙げながら重点的に解説し、実習を繰り返すことで、確実にVBAをマスターできるように配慮されています。

本書をご活用いただき、VBAの知識とスキルの取得や、VBAエキスパートの受験にお役立てください。

株式会社オデッセイ コミュニケーションズ

Excel VBA Standard
Contents

本書について ……………………………………………………………………………………… 010
学習環境について ………………………………………………………………………………… 011
VBAエキスパートの試験概要 …………………………………………………………………… 013

序章 マクロを作れるようになるには

1 技術を使うために必要な考え方 ……………………………………………………………… 2
 抽象化 ………………………………………………………………………………………… 2
 細分化 ………………………………………………………………………………………… 3
 簡略化 ………………………………………………………………………………………… 5

1 プロシージャ

1-1 他のプロシージャを呼び出す ………………………………………………………………… 8
 モジュールレベル変数 ……………………………………………………………………… 9

1-2 Functionプロシージャ ……………………………………………………………………… 11

1-3 引数を渡す …………………………………………………………………………………… 15
 参照渡しと値渡し …………………………………………………………………………… 17

1-4 引数を使わないで値を共有する …………………………………………………………… 21

2 変数

2-1 配列 … 24
配列を宣言する … 25
配列を受け取る … 27

2-2 動的配列 … 29
Preserveキーワード … 30

2-3 オブジェクト変数 … 32
オブジェクト変数を宣言する … 32
オブジェクト変数にオブジェクトを格納する … 33

2-4 変数の演算 … 35
カウントする … 35
合計する … 37

2-5 文字列を結合する … 39

3 ステートメント

3-1 Exitステートメント … 42
Exit Subステートメント／Exit Functionステートメント … 43
Exit Forステートメント … 43
Exit Doステートメント … 44

3-2 Select Caseステートメント … 45

3-3	Do...Loopステートメント	48
3-4	For Each...Nextステートメント	51
	コレクションを操作する	51
	セル範囲を操作する	52
	配列を操作する	54
3-5	Ifステートメント	56
	複数条件による条件分岐	56

4 ファイルの操作

4-1	ブックを開く	68
	フォルダー内の複数のブックを開く	69
4-2	ブックを保存する	73
4-3	ファイルをコピーする	77
4-4	フォルダーを操作する	79

5 ワークシート関数

5-1	WorksheetFunctionの使い方	82
5-2	いろいろな関数	84
	SUM関数	84

Excel VBA Standard
Contents

COUNTIF関数／SUMIF関数 ... 84
LARGE関数／SMALL関数 ... 86
VLOOKUP関数 ... 87
MATCH関数 ＋ INDEX関数 ... 87
EOMONTH関数 ... 89

6 セルの検索とオートフィルターの操作

6-1 セルの検索 ... 92
Findメソッド ... 92
見つからなかったとき ... 94

6-2 検索結果の操作 ... 96
見つかったセルを含む行を削除する ... 96
見つかったセルを基点に別のセルを操作する ... 97
見つかったセルを含むセル範囲をコピーする ... 99

6-3 オートフィルターの操作 ... 103
オートフィルターで特定のセルを探す ... 103
オートフィルターで絞り込む ... 104
絞り込んだ結果をコピーする ... 106
絞り込んだ結果をカウントする ... 108
絞り込んだ結果の列を編集する ... 109

005

Excel VBA Standard Contents

7 データの並べ替え

7-1 Excel 2007以降の並べ替え ... 114
難しくなった並べ替え ... 114
並べ替えの条件を指定する ... 115
並べ替えの挙動を指定して実行する ... 119

7-2 Excel 2003までの並べ替え ... 121
セルのSortメソッド ... 121
漢字を並べ替えるときの注意 ... 122
ふりがなの操作 ... 124

8 テーブルの操作

8-1 テーブルを特定する ... 128
テーブルのセルから特定する ... 128
テーブルが存在するシートから特定する ... 129
Rangeとテーブルの名前で特定する ... 131

8-2 テーブルの部位を特定する ... 133
見出し(タイトル)行を含むテーブル全体 ... 133
見出し(タイトル)行を含まないテーブルのデータ全体 ... 134
見出し(タイトル)行 ... 135
列 ... 136
行 ... 138

8-3 構造化参照を使って特定する — 140

見出し（タイトル）行を含むテーブル全体 — 141

見出し（タイトル）行を含まないテーブルのデータ全体 — 142

列 — 142

行 — 143

8-4 特定のデータを操作する — 144

テーブル内のデータを探す — 144

見出し行ごとコピーする — 144

見出し行を含まないデータだけをコピーする — 146

Rangeと構造化参照を使ってコピーする — 147

特定の列だけコピーする — 147

特定の列だけ書式を設定する — 148

8-5 行を削除する — 149

テーブルの行全体を削除する — 149

Rangeと構造化参照を使って削除する — 151

8-6 列を挿入する — 152

テーブルに列を挿入する — 152

Rangeと構造化参照を使って列を挿入する — 154

9 エラー対策

9-1 エラーの種類 158
記述エラー 158
論理エラー 159

9-2 エラーへの対応 163
エラーが発生したら別の処理にジャンプする 163
どんなエラーが発生したか調べる 165
発生したエラーを無視する 168
エラー対策のポイント 170

9-3 データのクレンジング 171
不正なデータを修正する 171
半角文字列と全角文字列 171
不要な文字を除去する 173
日付の操作 175

10 デバッグ

10-1 デバッグとは 182
文法エラーと論理エラー 182

10-2 イミディエイトウィンドウ 185
イミディエイトウィンドウへの出力 189

10-3 マクロを一時停止する 191
ブレークポイント 191
Stopステートメント 193

10-4 ステップ実行 195

10-5 デバッグでよく使う関数 196
IsNumeric関数 197

索引 199

本書について

■ 本書の目的
本書は、基礎から体系的にマクロ・VBAスキルを習得することを目的とした書籍です。実務でよく使われる機能に重点を置いて解説しているため、実践的なスキルが身につきます。VBAエキスパート「Excel VBA スタンダード」試験の出題範囲を完全に網羅した、株式会社オデッセイ コミュニケーションズが発行する公式テキストです。

■ 対象読者
「Excel VBA ベーシック」レベルを理解し、Excel VBAの知識とスキルをより深めたい方、VBAエキスパート「Excel VBA スタンダード」の合格を目指す方を対象としています。

■ 本書の制作環境
本書は以下の環境を使用して制作しています（2019年6月現在）。

- Windows 10 Professional（64ビット版）
- Microsoft Office Professional Plus 2016

■ 本書の表記について
本文中のマークには、次のような意味があります。

memo	本文に関連する手順や知っておくべき事項を説明しています。
重要	操作を行う上で注意すべき点を説明しています。

■ 学習用データのダウンロード
本書で学習する読者のために、下記の学習用データを提供いたします。

- サンプルブック
- VBAエキスパート「Excel VBA スタンダード」模擬問題（ご利用に必要なシリアルキー）

学習用データは、以下の手順でご利用ください。

1. ユーザー情報登録ページを開き、認証画面にユーザー名とパスワードを入力します。

ユーザー情報登録ページ	https://vbae.odyssey-com.co.jp/book/ex_standard/
ユーザー名	exstandard
パスワード	7Ahd8T

2. ユーザー情報登録フォームが表示されたら、お客様情報を入力して登録します。
3. ［入力内容の送信］ボタンをクリックした後、［学習用データダウンロード］ボタンをクリックし、表示されたページから学習用データをダウンロードします。

学習環境について

■ 学習環境
本書で学習するには、ExcelがインストールされたWindowsパソコンをご利用ください。
本書はMicrosoft Office Excel 2016を使用して制作していますが、Excel 2010、Excel 2013がインストールされたWindowsパソコンでも学習していただけます。

■ リボンの構成やダイアログボックスの名称
本書に掲載したExcelの画面は、Windows 10とExcel 2016がインストールされたWindowsパソコンで作成しています。Windows OSやExcelのバージョンが異なると、Excelのリボンの構成やダイアログボックスの名称などが異なることがあります。

■ [開発] タブの表示
マクロやVBAを利用するための [開発] タブは、次の手順で表示します。

❶Excelを起動します
❷[ファイル] タブを選択して、左側のメニューから [オプション] をクリックします

❸ [Excelのオプション] ダイアログボックスが表示されたら、左側のメニューから [リボンのユーザー設定] を選択し、[開発] チェックボックスをオンにして [OK] ボタンをクリックします

❹ リボンに [開発] タブが表示されます

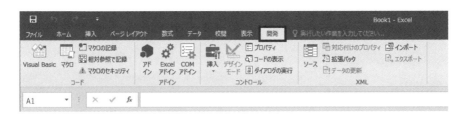

■ ファイルの拡張子の表示

ファイルの拡張子を表示させるために、次のように設定します。

❶ 任意のフォルダーを開きます
❷ [表示] タブをクリックし、[ファイル名拡張子] チェックボックスをオンにします

VBAエキスパートの試験概要

■ VBAエキスパートとは

「VBAエキスパート」とは、Microsoft OfficeアプリケーションのExcelやAccessに搭載されているマクロ・VBA（Visual Basic for Applications）のスキルを証明する認定資格です。株式会社オデッセイ コミュニケーションズが試験を開発し、実施しています。

VBAは、ユーザー個人がルーティンワークを自動化するような初歩的な使い方から、企業内におけるXML Webサービスのフロントエンド、あるいは業務システムなど、多岐にわたって活用されています。

VBAエキスパートの取得は、"ユーザー自らのプログラミング能力"の客観的な証明となります。資格の取得を通して実務に直結したスキルが身につくため、個人やチームの作業効率の向上、ひいては企業におけるコストの低減も期待でき、資格保有者だけでなく、雇用する企業側にも大きなメリットのある資格です。

■ 試験科目

試験科目	概要
Excel VBAベーシック	Excel VBAの基本文法を理解し、基礎的なマクロの読解・記述能力を診断します。ベーシックレベルで診断するスキルには、変数、セル・シート・ブックの操作、条件分岐、繰返し処理などが含まれます。
Excel VBAスタンダード	プロパティ・メソッドなど、Excel VBAの基本文法を理解して、ベーシックレベルよりも高度なマクロを読解・記述する能力を診断します。スタンダードレベルで診断するスキルには、ベーシックレベルを深めた知識に加え、配列、検索とオートフィルター、並べ替え、テーブル操作、エラー対策などが含まれます。
Access VBAベーシック	データベースの基礎知識、Access VBAの基本文法をはじめ、SQLに関する基礎的な理解力を診断します。ベーシックレベルで診断するスキルには、変数、条件分岐、繰返し処理、オブジェクトの操作、関数などのほか、Visual Basic Editorの利用スキル、デバッグの基礎などが含まれます。
Access VBAスタンダード	データベースの基礎知識、Access VBAの基本文法、SQLなど、ベーシックレベルのスキルに加え、より高度なプログラムを読解・記述する能力を診断します。スタンダードレベルで診断するスキルには、ファイル操作、ADO/DAOによるデータベース操作、オブジェクトの操作、プログラミングのトレース能力、エラー対策などが含まれます。

■ 試験の形態と受験料

試験会場のコンピューター上で解答する、CBT（Computer Based Testing）方式で行われます。

● Excel VBA スタンダード

出題数	40問前後
出題形式	選択問題（選択肢形式、ドロップダウンリスト形式、クリック形式、ドラッグ＆ドロップ形式） 穴埋め記述問題
試験時間	50分
合格基準	650～800点（1000点満点）以上の正解率 ※ 問題の難易度により変動
受験料	〈一般〉13,500円（税抜） 〈割引〉12,200円（税抜） ※ VBAエキスパート割引受験制度を利用した場合

■ Excel VBA スタンダードの出題範囲と本書の対応表

大分類	小分類	章
1. プロシージャ	1. 複数のプロシージャを使ったマクロ	1章
	2. Call ステートメント	
	3. 値を共有する	
	4. Function プロシージャ	
2. 変数の活用	1. データの個数を数える、値を合計する	2章
	2. 配列	
	3. オブジェクト変数	
3. ステートメント	1. Select Case ステートメント	3章
	2. Do…Loop ステートメント	
	3. For…Each…Next ステートメント	
	4. その他のステートメント	
4. ファイルの操作	1. ファイルの操作	4章
	2. フォルダーの操作	
	3. 文字列操作によるパスの指定	
5. ワークシート関数の利用	1. WorksheetFunction オブジェクト	5章

大分類	小分類	章
6. 検索とオートフィルター	1. 検索の基本	6章
	2. 見つからなかったときの判定	
	3. 検索したセルを使う	
	4. オートフィルターの基本	
	5. 絞り込んだ結果のコピーとカウント	
	6. 絞り込んだ結果の編集	
7. データの並べ替え	1. 簡単な条件の並べ替え	7章
	2. 複雑な条件の並べ替え	
	3. 特殊な並べ替え	
	4. 文字列の並べ替え	
	5. フリガナの操作	
8. テーブルの操作	1. テーブルとは何か	8章
	2. テーブルの特定	
	3. テーブル部位の特定	
	4. テーブル操作の例	
9. エラー対策	1. On Error ステートメント	9章
	2. エラーが起きないデータに整える	
10. デバッグ	1. Debug.Print	10章
	2. イミディエイトウィンドウ	
	3. ブレークポイントとステップ実行	

その他、VBA エキスパートに関する最新情報は、公式サイトを参照してください。
URL：https://vbae.odyssey-com.co.jp/

序章

マクロを作れる ようになるには

ExcelやVBAのことをたくさん学習しても、思うようなマクロを作れない人が多いです。その理由は、知識や技術が不足しているのではなく、そもそもの考え方が欠けているからです。

1 技術を使うために必要な考え方

1 技術を使うために必要な考え方

ExcelやVBAに限りませんが、知識や技術を学んだだけでは、望むような成果物を作れません。知識や技術を使って、何らかの成果物を作るには、学んだ知識や技術を使うための"考え方"が必要です。マクロを作る上で必要な考え方は、次の3つです。

① 抽象化
② 細分化
③ 簡略化

抽象化

仕事で、POSデータや発注データのような大きな表を前にして「製品ごとにまとめたい」と考えていては、マクロは作れません。よしんば作れたとしても、すごく遠回りな考え方をしたり、次に別のマクロを作るときにも同じように悩むことになります。

操作：文字列を並べ替える

結果：製品ごとにまとまる

なぜ「製品ごとにまとめたい」と考えてはいけないのでしょう。理由は簡単です。Excelに「製品」というタブはありませんし、「まとめる」という機能はありません。「製品ごとにまとめたい」というのは、いわば存在しない答えを探しているようなものです。では、どのように考えたらいいのでしょう。それは「製品ごとにまとめたい」ではなく、たとえば「B列に入力されている文字列を並べ替えたい」とか「B列に入力されている文字列を絞り込みたい」という考え方です。

言うまでもありませんが、

操作：文字列を並べ替える

結果：製品ごとにまとまる ←業務でやりたいこと

ということです。みなさんが仕事をしているとき、頭の中は"業務"でいっぱいです。もちろん、

そうでなければ困ります。業務で使われている専門用語や略語などを使って、業務の話をします。それはいいです。でも、ひとたびExcelと向かい合ったら、頭の中を"Excel"にしなければなりません。

操作：文字列を並べ替える ←そのためにExcelでやる操作
⬇
結果：製品ごとにまとまる ←業務でやりたいこと

考えるべきこと
↓
操作：文字列を並べ替える ←そのためにExcelでやる操作
⬇
結果：製品ごとにまとまる ←業務でやりたいこと

必要なことは「製品ごとにまとめる」には、**Excelでどんな操作をするのかという脳内変換**です。思うようなマクロが作れなかったり、うまくExcelを使えない人はこれができません。Excelに向き合っていながら、頭の中は"業務"の言葉でいっぱいです。だから、何をすべきかが分かりません。

セルに入力できるデータは、数式を除くと次の3種類です。

① 数値
② 文字列
③ 日付（時刻）

日付（時刻）はシリアル値ですから、正確には数値です。そういう意味では、セルに入力できるデータは2種類です。しかし、日付（時刻）は特別な考え方や操作をすることが多いので、数値とは別のデータと認識するのがいいでしょう。

セルに入力できるのは、この3種類です。つまり、Excelにとってみれば、セルに入力されているものは単なる数値や文字列なのです。その数値や文字列の"業務的な意味"は、Excelにとっては関係ありません。ですから、Excelを操作するときに、セルに入力されている数値や文字列の"業務的な意味"で考えてはいけないのです。Excelに「売り上げを合計する」機能や仕組みはありません。Excelにあるのは「数値を合計する」機能や仕組みです。

細分化

実務で求められる作業は複雑です。与えられた元データから、何らかの結果を得るための「1つのパッケージ」など存在しません。

しかし、多くの方が「これを、こうするマクロを作りたい」のように、マクロを1つのパッケージとしてイメージしてしまいます。言うまでもなく、マクロや作業というのは、1つで済むことはなく、まずこうする、次にこうする、それを受けてこうする…のように、やるべきことは複数あるのが普通です。マクロを作るときには、マクロ全体ではなく、そうした**小さい部品を組み合わせるイメージ**が不可欠です。

スタート(元データ)から、ゴール(結果)までの道のりを、パーツごとに考えて、それらのパーツを個別に作ります。たとえば、フォルダーの中に複数のブックが存在して、それら複数のブックからデータを集約するような場合、まず「フォルダー内に存在するすべてのファイル名を取得する」という部分だけ作ります。ファイル名が分からなければ、何も進まないのですから。そのとき、取得したファイル名をどうするのかは考えません。取得できるかどうかが重要なのですから、ここでは取得したファイル名をMsgBoxで表示したり、あるいはイミディエイトウィンドウに出力するなど何でもいいです。そこまでを作ります。

次に「任意の名前のファイルを開く」という動作だけを作ります。ファイル名が分かったところで、そのブックを開けなければ始まらないのですから。そのときのファイル名は、実際のものではなく "Book1.xlsx" など何でもかまいません。
開くコードができたら、2つのコードを合体させます。すると、フォルダー内に存在するすべてのブックを開くことができます。こうして、一歩ずつゴールに向かいます。これが細分化という考え方です。

細分化で重要なことは、いかに**選択肢を増やすか**です。できること（パーツ）が少ないと、いつも同じルートしか通ることができません。もし、何らかの事情で、何かのパーツが利用できない状況に陥ると、そこから先へ進めません。もし多くの選択肢を持っていれば、別のルートで結果まで進むことが可能になります。

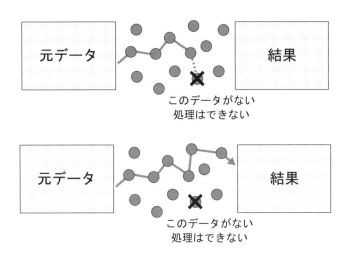

簡略化

クラウドが普及するにつれ、Excelで扱うデータは巨大になってきました。もちろん、データの件数は毎回異なることが普通です。そうした、一画面には入りきらないような"巨大な"データや、何件あるか分からないような"不定の"状況に対してマクロを作ろうとしても、うまくいくはずがありません。そんなときは、物事を簡単に考えます。それが簡略化という発想です。

たとえば、数十列もある巨大なデータを処理するのなら、そのデータをシンプルにしたモデルを作成し、そのモデルでマクロを作ってみます。4列のデータに対して実現できれば、そのマクロは数十列のデータでも実現できるはずです。

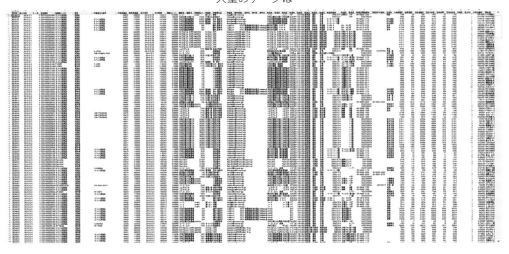

大量のデータは

シンプルなモデルで考える

A	B	C	D
日付	名前	商品	数量
2019/4/1	西野	A	100
2019/4/2	広瀬	B	200
2019/4/3	松本	C	300
2019/4/4	有村	D	400
2019/4/5	桜井	E	500

そうしたモデルを作るときに重要なことは、セルに入力されている実際のデータの"業務的な意味"ではなく、「この列には日付が入力されている」「この列には文字列が入力されている」のように、そのデータはExcelにとってどんなデータなのかを考えます。このように、**抽象化**ができなければ、モデルを作ることはできません。

データの件数が何件あるか分からなかったとしましょう。そんなときは「仮に6行目までだとしたら」のように、物事を簡単に考えます。まず、6行目まで処理できるコードを作ります。次に「最終行が何行目かを調べる方法」だけを考えます。両者を分けて考え、分けて作成できたら、2つのコードを合体させます。「件数が不定のデータを処理するマクロ」のような1つのパッケージはありません。結果にたどり着くまでのルートを分けて考えます。つまり**細分化**です。

マクロを作るときに限らず、セル内の数式を作成するときや、Excelで何かの作業をするときにも、

　① 抽象化
　② 細分化
　③ 簡略化

を忘れないでください。

1

プロシージャ

マクロの最小実行単位はプロシージャです。プロシージャは「Sub マクロ名」で始まり「End Sub」で終わります。これを「Sub プロシージャ」と呼びます。VBAには他にも値を返すことができる「Function プロシージャ」などがあります。ここでは、プロシージャについて学習しましょう。

1-1 他のプロシージャを呼び出す
1-2 Function プロシージャ
1-3 引数を渡す
1-4 引数を使わないで値を共有する

1-1 他のプロシージャを呼び出す

マクロは、モジュール内に**プロシージャ**として作成します。

```
Sub Sample1()
    Range("A1") = 100
End Sub


Sub Sample2()
    Range("B1") = Range("A1") * 2
End Sub
```

このように、「Sub マクロ名」で始まり「End Sub」で終わるプロシージャを**Sub プロシージャ**と呼びます。Sample1を実行するとアクティブシートのセルA1に100が代入され、Sample2を実行するとアクティブシートのセルB1に200が代入されます。

一般的にプロシージャは、ひとつずつ個別に実行されますが、プロシージャから別のプロシージャを呼び出すことができます。別のプロシージャを呼び出すときは**Call**ステートメントを使います。

```
Sub Sample1()
    Range("A1") = 100
    Call Sample2
End Sub


Sub Sample2()
    Range("B1") = Range("A1") * 2
End Sub
```

Sample1を実行すると、セルA1に100が代入された後でSample2が呼び出され、Sample2に書かれたコードが実行されます。

```
Sub Sample1()
    Range("A1") = 100

    Call Sample2
End Sub
```

```
                         Sub Sample2()
                             Range("B1") = Range("A1") * 2
                         End Sub
```

Callは省略できます。次のように書いても、Sample1からSample2を呼び出すことができます。

```
Sub Sample1()
    Range("A1") = 100
    Sample2
End Sub

Sub Sample2()
    Range("B1") = Range("A1") * 2
End Sub
```

しかし、ただプロシージャ名を記述するのではなく「別のプロシージャを呼び出している」ということを分かりやすく表すためにも、Callは省略しない方がいいでしょう。なお、本書では、Subプロシージャを呼び出すときはCallを付け、Functionプロシージャを呼び出すときはCallを省略して解説します。

モジュールレベル変数

プロシージャの中で宣言した変数は、その宣言をしたプロシージャの中でしか使用できません。

```
Sub Sample1()
    Dim A As Long
    A = 100
    Range("A1") = A
    Call Sample2
End Sub

Sub Sample2()
    Range("B1") = A * 2    'この変数Aは使えない(エラーになる)
End Sub
```

複数のプロシージャで使える変数は、宣言セクションで宣言します。モジュール内のすべてのプロシージャで使用できる変数を**モジュールレベル変数**と呼びます。

```
Dim A As Long

Sub Sample1()
    A = 100
    Range("A1") = A
    Call Sample2
End Sub

Sub Sample2()
    Range("B1") = A * 2    'この変数Aは使える
End Sub
```

1-2 Functionプロシージャ

「Function マクロ名」で始まり「End Function」で終わるプロシージャを**Functionプロシージャ**と呼びます。Subプロシージャは、記述されているコードをただ実行するだけですが、Functionプロシージャは値を返すことができます。Functionプロシージャから呼び出し元へ値を返すときは、Functionプロシージャの中で、そのFunctionプロシージャの"名前"に返したい値を代入します。

たとえば、Subプロシージャ「Sample1」からFunctionプロシージャ「Sample3」を呼び出したとしましょう。

```
Sub Sample1()
    Range("A1") = 100              ―①
    Range("B1") = Sample3          ―②
End Sub

Function Sample3()
    Sample3 = Range("A1") * 2      ―③
End Function
```

Sample1が実行されると、まずセルA1に100が代入されます（①）。
次の行では「Sample3」で、FunctionプロシージャであるSample3を呼び出しています（②）。これは「Call Sample3」と同じことです。
呼び出されたSample3では、セルA1の値を2倍にしています。その計算結果を、呼び出し元のSample1に渡します。Functionプロシージャが値を返す（渡す）ときは、自身のプロシージャ名（ここではSample3）に、返したい値を代入します。「Sample3 = Range("A1") * 2」の部分がそれです（③）。
これにより、呼び出し元のSample1ではSample3が計算した結果を受け取り、その値（セルA1を2倍した結果）をセルB1に代入しています（②）。

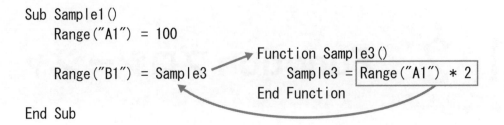

マクロを作るとき、何度も同じ処理を繰り返したり、

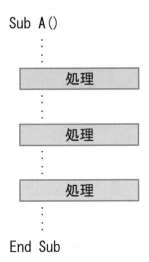

複数のプロシージャから同じ処理を使うようなときは、

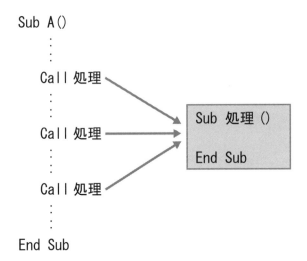

それを別のプロシージャとして独立させると、メンテナンス性が高まります。

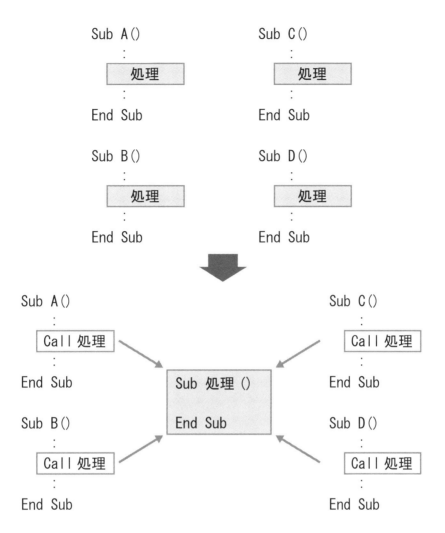

独立したプロシージャを作成するとき、そのプロシージャを「Subプロシージャ」として作るか、それとも「Functionプロシージャ」として作るかは、呼び出し元へ何らかの値を返すかどうかで判断します。

　　Subプロシージャ → 値を**返せない**プロシージャ
　　Functionプロシージャ → 値を**返せる**プロシージャ

ですから、呼び出し元へ値を返さなくていいときは「Subプロシージャ」で、呼び出し元へ値を返さなければならないときは「Functionプロシージャ」として作成します。

次のコードは、Macro1で指定したシート名が存在するかどうかを調べ、その結果を画面に表示します。シートが存在するかどうか調べる処理はFunctionプロシージャとして記述しています。

```
Sub Macro1()
    If ChkSheet("Sheet1") = True Then
        MsgBox "存在します"
    Else
        MsgBox "存在しません"
    End If
End Sub

Function ChkSheet(A As String)
    Dim i As Long
    For i = 1 To Sheets.Count
        If Sheets(i).Name = A Then
            ChkSheet = True
            Exit Function
        End If
    Next i
    ChkSheet = False
End Function
```

「Exit Function」はプロシージャを強制終了させる命令です。詳しくは第3章「ステートメント」を参照してください。

1-3 引数を渡す

プロシージャから別のプロシージャを呼び出すとき、呼び出し先のプロシージャに「計算や処理の元となる値」を渡すことができます。こうした仕組みを**引数（ひきすう）**と呼びます。

プロシージャが引数を受け取るときは、プロシージャ名の後に受け取る引数の名前を括弧で囲って指定します。

```
Sub プロシージャ名(引数)
Functionプロシージャ名(引数)
```

引数には「どんな種類の値を受け取るか」という型を指定できます。引数に指定できる型は、変数の宣言で指定できる型と同じです。

```
Sub プロシージャ名(A As Long)  → 長整数型の引数Aを受け取る
Function プロシージャ名(B As String)  → 文字列型の引数Bを受け取る
```

複数の引数を受け取るときは、引数をカンマで区切って記述します。

```
Sub プロシージャ名(A As Long, B As String)  → 長整数型の引数Aと文字列型の引数Bを
                                              受け取る
```

次のようにSubプロシージャ「Sample4」とSubプロシージャ「Sample5」があったとします。Sample5は「Aという名前の引数」を受け取ります。引数Aは「長整数型（Long）」です。
Sample4からSample5を呼び出します。このとき、Sample4は、Sample5の引数に「100」を渡します。
Sample5は、受け取った引数に100が入りますので、それを使って何かの処理をします。

```
Sub Sample4()
    Call Sample5(100)
End Sub


Sub Sample5(A As Long)
```

次ページへ続く

```
    MsgBox A
End Sub
```

Sample5は必ずひとつの引数を受け取らなければなりません。呼び出し元のSample4が、引数を指定しないでSample5を呼び出したり、渡す引数の数が異なっていたり、定義された引数の型とは異なるタイプの引数を渡したときなどは、マクロがエラーになります。

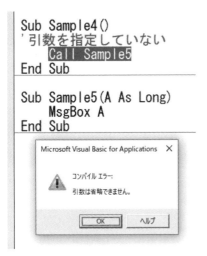

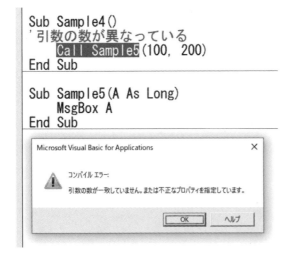

```
Sub Sample4()
'引数のタイプが違う
    Call Sample5("Excel")
End Sub

Sub Sample5(A As Long)
    MsgBox A
End Sub
```

Microsoft Visual Basic
実行時エラー '13':
型が一致しません。

継続(C)　終了(E)　デバッグ(D)　ヘルプ(H)

参照渡しと値渡し

呼び出し先に引数を渡すとき、「100」などの数値や「"東京"」などの文字列を直接渡すのではなく、これら「100」や「数値」を一度変数に入れ、その**変数を引数に渡す**ときには注意が必要です。次のケースで確認してみましょう。

```
Sub Sample6()
    Dim A As Long
    A = 100
    Call Sample7(A)
    MsgBox A
End Sub

Sub Sample7(B As Long)
    B = B * 2
End Sub
```

Sample7はBという引数を受け取ります。呼び出し元のSample6では変数Aに数値の「100」を代入し、その変数AをSample7の引数に渡しました。Sample7では受け取った引数を2倍しています。さて、Sample6のMsgBoxでは何が表示されるでしょう。

変数Aの中が2倍されてしまいました。これは、Sample6からSample7へ**変数そのもの**を渡したためです。このようなデータの渡し方を**参照渡し**と呼びます。

ここで、Sample7を次のように書き換えてみます。

```
Sub Sample6()
    Dim A As Long
    A = 100
    Call Sample7(A)
    MsgBox A
End Sub

Sub Sample7(ByVal B As Long)
    B = B * 2
End Sub
```

Sample6を実行してみましょう。今度は、Sample6の変数Aは書き換えられていません。

これは、引数の定義に**ByVal**というキーワードを付けたため、Sample6は変数そのものを渡したのではなく**変数の値だけ**を渡したからです。Sample7で受け取った数値を変更したとしても、それはSample7だけの話であり、引数を受け渡したSample6の変数Aには影響がありません。このように、引数に値だけを渡すやりかたを**値渡し**と呼びます。

両者の違いはSample7の引数宣言です。値が変化しなかった2度目のSample7は、受け取る引数の定義に「ByVal」というキーワードを付けています。これはSample7の引数として受け取る変数Aは、値渡しで受け取るという意味になります。「参照渡し」とか「値渡し」というと、渡す側に違いがあるように感じますが、実際には引数をどのように受け取るかといった、受け取る

側のプロシージャの定義がポイントなのです。

変数の値が変わってしまった最初のコードでは、引数の定義に何も指定していません。実は、引数を参照渡しで受け取るときは、引数の定義に**ByRef**というキーワードを付けるのが基本ルールです。

```
Sub Sample6()
    Dim A As Long
    A = 100
    Call Sample7(A)
    MsgBox A
End Sub

Sub Sample7(ByRef B As Long)
    B = B * 2
End Sub
```

ただし、ByRefとByValのどちらも指定しなかった場合には、ByRefが指定されたものとみなされます。引数の定義でデータの渡し方を省略すると、その引数は「参照渡し」になります。

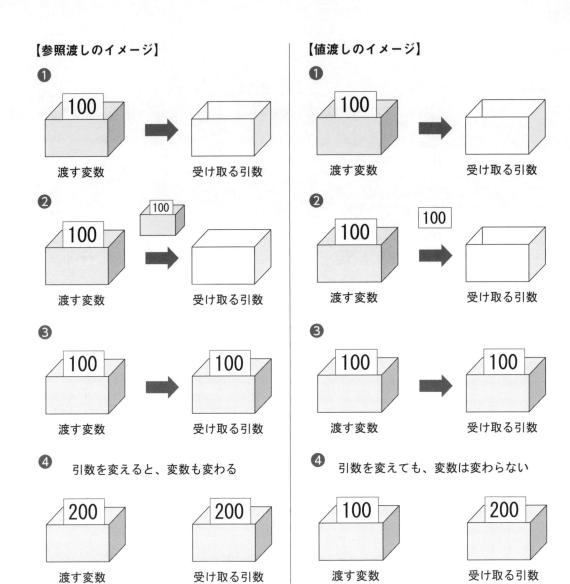

1-4 引数を使わないで値を共有する

引数は、複数のプロシージャ間で値を共有する仕組みです。しかし、モジュールレベル変数を利用すれば、引数を使用しなくても、複数のプロシージャ間で値を共有できます。次のコードは、どちらも同じ結果になります。

【引数を使う方法】

```
Sub Sample8()
    Call Sample9(100)
End Sub

Sub Sample9(A As Long)
    MsgBox A
End Sub
```

【引数を使わない方法】

```
Dim A As Long

Sub Sample8()
    A = 100
    Call Sample9
End Sub

Sub Sample9()
    MsgBox A
End Sub
```

引数には「参照渡し」や「値渡し」などの区別があり、それぞれ結果が異なります。しかし、どのプロシージャでも使えるモジュールレベル変数を使えば、引数の渡し方を考える必要はありません。引数による値の共有と、モジュールレベル変数による値の共有は、どちらが良いではなく、ケースに応じて使い分けるのが重要です。どちらも正確にイメージできるようにしてください。

変数

変数は値を入れる箱のようなものです。変数に入れた値は、別のところで自由に取り出して使用できます。VBAには、単一の値を格納する一般的な変数だけでなく、複数の値を格納できる配列や、複数の型をセットにして独自の型を作るユーザー定義型などの仕組みがあります。

2-1 配列

2-2 動的配列

2-3 オブジェクト変数

2-4 変数の演算

2-5 文字列を結合する

2-1 配列

一般的な変数には、ひとつの値しか格納できません。同じ変数に別の値を格納すると、それまで格納されていた値は消えてしまいます。次のマクロで確認してみましょう。

```
Sub Sample1()
    Dim A As String
    A = "佐藤"
    A = "山本"
    MsgBox A
End Sub
```

文字列型の変数Aを宣言します。まず、変数Aに"佐藤"という文字を格納します。続いて"山本"という文字を格納すると、先に格納されていた"佐藤"は消えて、新しく"山本"が格納されます。

このように、一般的な変数にはひとつの値しか格納できません。これは、変数が箱のような入れ物で、値を入れる場所がひとつしかないからです。

では、箱の中に複数の小部屋があったらどうでしょう。次のようなイメージです。

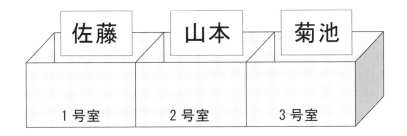

こうした箱では、複数の値を同時に格納できます。このように、複数の値を同時に格納できる変数を**配列**と呼びます。

配列を宣言する

配列は、それ自体でひとつの変数ですが、その中には複数の値を格納できます。一般的な変数が一戸建ての住宅で、1世帯しか入居できないのに対して、配列はアパートのような集合住宅のイメージです。ひとつの建物に複数の世帯が同時に入居できるのと同じです。

配列では、各部屋のことを**要素**と呼び、各部屋を識別する部屋番号を**インデックス番号**と呼びます。

配列を宣言するときは、"いくつの部屋を用意するか"を表す要素数を指定します。次のコードは3つの値を格納できる変数Aを宣言し、それぞれの要素に値を格納しています。

```
Sub Sample2()
    Dim A(3) As String
    A(1) = "佐藤"
    A(2) = "山本"
    A(3) = "菊池"
    MsgBox A(1) & "と" & A(2) & "と" & A(3)
End Sub
```

「Dim A(3)」は3つの値を格納できる配列ですが、正確には、要素数（部屋数）は3つではありません。「Dim A(3)」で宣言した配列は「A(1)」～「A(3)」のほかに「A(0)」という要素（部屋）も存在します。

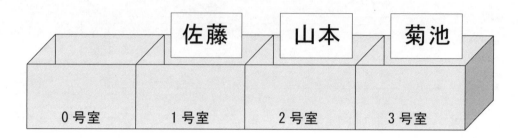

配列の宣言は、正しくは次のように指定します。

Dim〈配列変数名〉(要素の下限(最小値) To 要素の上限(最大値))

ただし、要素の下限（最も小さい部屋番号）は省略することも可能です。要素の下限を省略すると、一般的なVBAの仕様では、要素の下限に0を指定したとみなされます。
したがって「Dim A(3)」は、

A(0)
A(1)
A(2)
A(3)

という4つの要素を持つ配列を宣言したことになります。

先のマクロSample2では、実際には4つの要素を持つ変数Aを宣言し、そのうちのA(0)は使用せず、ほかのA(1)～A(3)だけを使っていることになります。

そのため、先のように、配列に入れる文字列の数が3個と分かっているのなら、宣言する要素の上限（最も大きい部屋番号）は「2」でいいわけです。

```
Sub Sample2()
    Dim A(2) As String
    A(0) = "佐藤"
    A(1) = "山本"
    A(2) = "菊池"
    MsgBox A(0) & "と" & A(1) & "と" & A(2)
End Sub
```

配列を宣言するとき、要素の下限（最も小さい部屋番号）を指定しなかった場合、最も小さいインデックス番号は「0」から始まることに留意してください。

配列を受け取る

VBAには配列を返す関数があります。よく使われるのが**Split関数**です。Split関数の書式は次の通りです。

```
Split(元の文字列, 区切り文字)
```

Split関数は、引数「元の文字列」に指定した文字列を引数「区切り文字」で区切り、それぞれ分割された文字列を各要素に入れた配列を返します。

```
Split("A-B-C", "-")
```

"A-B-C"を"-"で区切ると"A"と"B"と"C"の3つに分割されます。それぞれ

"A" → 0号室
"B" → 1号室
"C" → 2号室

に入れた配列を返します。

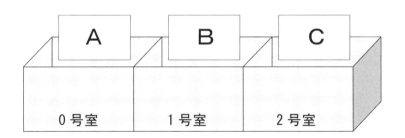

> ● memo
> Split関数が返す配列は、要素の下限（最も小さい部屋番号）が必ず0から始まります。要素の下限を指定することはできません。

Split関数は配列を返します。しかし、VBAの変数の型に「配列型」はありません。配列を受け取る専用の型はないのです。そこで、Split関数が返す配列は**バリアント型（Variant）**で受け取ります。バリアント型は配列を受け取ると、自分自身を配列に変身させます。

```
Sub Sample3()
    Dim A As Variant
    A = Split("A-B-C", "-")
    MsgBox A(1)
End Sub
```

配列の各要素は、For...Nextステートメントでひとつずつ操作できます。

```
Sub Sample4()
    Dim A As Variant, i As Long
    A = Split("A-B-C", "-")
    For i = 0 To 2
        MsgBox A(i)
    Next i
End Sub
```

このとき、For...Nextステートメントに指定した「0」と「2」は、それぞれ配列要素の下限（最も小さい部屋番号）と上限（最も大きい部屋番号）です。下限は常に0と決まっています。しかし、ケースによっては上限が分からないこともあります。そんなときは、**UBound関数**を使います。UBound関数は、次のように記述し、指定した配列の上限を返します。

UBound（配列）

先のコードは、次のように書けます。

```
Sub Sample4()
    Dim A As Variant, i As Long
    A = Split("A-B-C", "-")
    For i = 0 To UBound(A)
        MsgBox A(i)
    Next i
End Sub
```

2-2 動的配列

配列は、内部が複数の小部屋に分かれているアパートのようなイメージです。3つの要素を格納する配列では、配列の宣言時に要素数を指定します。

```
Sub Sample2()
    Dim Member(2) As String
    Member(0) = "佐藤"
    Member(1) = "山本"
    Member(2) = "菊池"
    MsgBox Member(0) & "と" & Member(1) & "と" & Member(2)
End Sub
```

では、配列の宣言時に"いくつの値を格納するか分からない"ときはどうしたらいいでしょう。たとえば、あるフォルダーの中に存在するすべてのブック名を配列に格納するようなマクロの場合、配列の宣言時にはいくつの要素を指定したらいいか分かりません。

そんなときは、要素数を指定しないで配列を宣言し、マクロの中で必要に応じて要素数を指定することができます。そのように、宣言時には要素数を指定しない配列を**動的配列**と呼びます。

動的配列の宣言は、次のように要素数を指定しないで宣言します。

```
Dim A() As String
```

マクロの中で要素数を指定するときは、**ReDim**という命令を使います。次のコードは、要素数を指定しない動的配列Aを宣言し、後から要素数を指定しています。「ReDim A(2)」は、動的配列Aの要素数を「0～2」にしています。

```
Sub Sample5()
    Dim A() As String
    ReDim A(2)
    A(2) = "菊池"
End Sub
```

重要 動的配列ではない、要素数を指定して宣言した配列は、ReDimで要素数を変更できません。

Preserveキーワード

このように動的配列では、状況に応じて要素数を変更できますが、ReDimで要素数を変更すると、それまで格納されていた値が消えてしまうので注意が必要です。
次のマクロで確認してみましょう。

```
Sub Sample6()
    Dim A() As String
    ReDim A(1)
    A(0) = "佐藤"
    A(1) = "山本"
    ReDim A(2)
    A(2) = "菊池"
    MsgBox A(0)
End Sub
```

まず要素数を指定しない動的配列Aを宣言します。次に「ReDim A(1)」として配列の要素数を0～1まで用意します。A(0)に"佐藤"、A(1)に"山本"を格納した後で、今度は「ReDim A(2)」と要素数を0～2に変更しました。新しく用意したA(2)に"菊池"という文字を格納して、最初のA(0)をMsgBoxで表示させてみると、値が何も入っていないのが分かります。

0～1の要素を持つ動的配列に対して「ReDim A(2)」を実行すると、要素をひとつ追加するのではなく、配列内の部屋割りを最初からやり直すことになります。それまでの部屋割り（0～1）は一度取り壊され、新しく0～2の部屋が作られるので、A(0)に入っていた"佐藤"もその時点で消えてしまいます。

既存の値を消さないで要素数を変更するには、ReDimという命令に**Preserve**というキーワードを付けます。次のコードは配列の要素数を変更していますが、先に格納した「A(0) = "佐藤"」

は消えずに残ります。

```
Sub Sample7()
    Dim A() As String
    ReDim A(1)
    A(0) = "佐藤"
    A(1) = "山本"
    ReDim Preserve A(2)
    A(2) = "菊池"
    MsgBox A(0)
End Sub
```

2-3 オブジェクト変数

オブジェクト変数を宣言する

文字列型の変数に文字列を格納すると、その変数はもとの文字列と同じ性質を持ちます。たとえば、変数に"tanaka"という文字列を格納すると、変数の文字数は6であり、変数の左から2文字目は"a"なります。これは、数値を格納する変数でも同等です。

このように文字列や数値を格納する変数ではなく、"オブジェクトそのもの"を格納する変数もあります。オブジェクトを格納する変数を**オブジェクト変数**と呼びます。オブジェクト変数は、格納されたオブジェクトと同等に扱えますので、たとえばセル（Rangeオブジェクト）を格納したオブジェクト変数では、Rangeオブジェクトが持つValueやFormulaなどのプロパティ、InsertやDeleteなどのメソッドが使用できます。

オブジェクト変数を宣言するときは、変数の型に格納するオブジェクトを指定します。

【オブジェクト変数の宣言例】

Dim A As Range	セルを格納する型
Dim A As Worksheet	ワークシートを格納する型
Dim A As Workbook	ブックを格納する型

RangeやWorksheetは固有のオブジェクトを表す型ですが、すべてのオブジェクトを表す**Object**という総称を指定することもできます。

```
Dim A As Object
```

「As Object」で宣言した変数には、RangeやWorksheetなどすべてのオブジェクトを格納できます。また、バリアント型の変数は、何でも入る万能の型ですから、「As Object」で宣言した変数と同じように、すべてのオブジェクトを格納することが可能です。

オブジェクト変数にオブジェクトを格納する

オブジェクト変数にオブジェクトを格納するときは「Set」という命令を使います。

```
Set 変数名 = オブジェクト
```

たとえば、オブジェクト変数Aに、セルA1を格納するには次のようにします。

```
Dim A As Range
Set A = Range("A1")
```

次のコードは、オブジェクト変数AにセルA1(Range("A1"))を格納して、変数Aを介してセルのプロパティを設定します。

```
Sub Sample8()
    Dim A As Range
    Set A = Range("A1")
    A.Font.ColorIndex = 3
End Sub
```

> **memo**
>
> VBAでは、End Subが実行されてプロシージャが終了すると、プロシージャ内で宣言したローカルレベル変数は破棄されます。これは、オブジェクト変数も同じです。しかし、何らかの事情によって変数が破棄されないと、オブジェクト変数がメモリ上に残ってしまいます。そうした不測の事態を避けるために、使い終わったオブジェクト変数を明示的に破棄することができます。オブジェクト変数を破棄するには、**Nothing**という特別な値を代入します。
>
> ```
> Sub Sample8()
>     Dim A As Range
>     Set A = Range("A1")
>     A.Font.ColorIndex = 3
>     Set A = Nothing
> End Sub
> ```

ブックを開いたり、新しいワークシートを挿入するなど、マクロ中に新しいオブジェクトが登場するような場合、オブジェクト変数を使うと便利なケースがあります。次のコードは、新しいワークシートを挿入した直後に、マクロ実行前のアクティブシートを開きます。その後で、新し

く挿入したワークシートの名前を変更します。

```
Sub Sample9()
    Dim WS1 As Worksheet, WS2 As Worksheet
    Set WS1 = ActiveSheet
    Set WS2 = Worksheets.Add
    WS1.Activate
    WS2.Name = "合計"
End Sub
```

ワークシート上のセルを検索するときは、このオブジェクト変数を使います。セルの検索については「第6章 検索とオートフィルター」を参照してください。

2-4 変数の演算

カウントする

次のコードは、変数Aに100を代入します。

```
A = 100
```

ここで重要なことは「=」の意味です。この「=」は**代入演算子**です。左側の変数Aに、右側の100を代入しています。次のコードはどうでしょう。

```
A = 100 + 200
```

結果は、変数Aに300が代入されます。このとき、まず「=」の右側に書かれた「100 + 200」を先に計算します。そして、その計算結果である「300」を左側の変数Aに代入します。まず「=」の**右側を先に計算**するイメージがポイントです。

では、次のコードはどうなるか考えてください。

```
A = 100
A = A + 1
```

1行目で変数Aに100を代入しています。2行目は、まず「=」の右側を先に計算します。「A + 1」の結果は「101」です。この計算結果が変数Aに代入されます。結果的に変数Aは「101」になります。これは、元の変数Aに**1を加える（増やす）**考え方です。マクロで何かの数をカウントするときは、このやり方を使います。このように、1ずつ増やすことをインクリメントと呼びます。

```
Dim A As Long    '宣言した直後の変数Aには0が入っている
A = A + 1
A = A + 1
A = A + 1
MsgBox A
```

このコードを実行すると、メッセージボックスには「3」が表示されます。

Dimステートメントで変数を宣言すると、宣言した直後の、まだその変数を使っていない状態には**初期値**が格納されています。長整数型（Long）など数値を格納する変数では「0」が初期値です。文字列型（String）には「空欄（""）」が初期値として格納されています。前のコードは、変数Aを宣言した直後、変数Aには「0」が入っています。最初の「A = A + 1」で「0 + 1」の計算が行われ、計算結果の「1」が変数Aに入ります。2回目の「A = A + 1」は「1 + 1」ですから、変数Aは「2」になります。3回目の「A = A + 1」で変数Aは「3」になります。

これを使って、カウントするマクロを作ってみましょう。

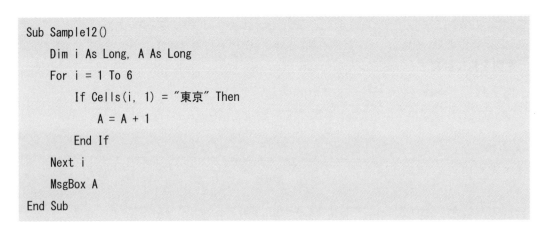

上図のようなデータから"東京"の件数をカウントしてみます。

```
Sub Sample12()
    Dim i As Long, A As Long
    For i = 1 To 6
        If Cells(i, 1) = "東京" Then
            A = A + 1
        End If
    Next i
    MsgBox A
End Sub
```

A列のセルが"東京"だったとき「A = A + 1」が実行されます。今回A列に"東京"は3個しかありません。つまり「A = A + 1」が3回実行されます。結果は「3」です。

合計する

代入演算子「=」は、必ず右側を先に計算するイメージを持ってください。次のコードを見てみましょう。

```
Dim A As Long
A = A + 100
A = A + 200
A = A + 300
MsgBox A
```

実行結果は「600」になります。この「600」とは「100」「200」「300」の合計です。このように、変数に任意の数値を加えていけば、最後は加えた数値の合計を求められます。これは、電卓で数値を足し込んで行くイメージです。

	A	B	C
1	千葉	1	
2	東京	100	
3	神奈川	2	
4	東京	200	
5	静岡	3	
6	東京	300	

上図のようなデータから、A列が"東京"だったときのB列を合計してみます。

```
Sub Sample13()
    Dim i As Long, A As Long
    For i = 1 To 6
        If Cells(i, 1) = "東京" Then
            A = A + Cells(i, 2)
        End If
    Next i
    MsgBox A
End Sub
```

"東京"は２行目と４行目と６行目にあります。そのとき実行されるのは

A = A + Cells(2, 2)
A = A + Cells(4, 2)
A = A + Cells(6, 2)

です。それぞれセルに入力される数値は

A = A + 100
A = A + 200
A = A + 300

ですね。計算結果は「600」です。

2-5 文字列を結合する

文字列を結合するときは**&**という演算子を使います。たとえば

```
Dim A As String
A = "東京都" & "千代田区"
```

で変数Aに「"東京都千代田区"」という文字列が代入されます。変数Aは文字列型（String）で宣言しました。宣言した直後は、変数Aには空欄（""）が入っています。

```
Dim A As String
A = A & "東京都"
A = A & "千代田区"
A = A & "一番町"
```

上記のコードで、変数Aには「"東京都千代田区一番町"」という文字列が格納されます。

	A
1	東京都
2	千代田区
3	一番町
4	

次のコードは、上図のデータから文字列を結合します。

```
Sub Sample14()
    Dim i As Long, A As String
    For i = 1 To 3
        A = A & Cells(i, 1)
    Next i
    MsgBox A
End Sub
```

実務ではこのように、複数の要素を結合して何かの文字列を作るという処理をよくします。そのときの要素は「"東京都" & "千代田区"」のように、直接文字列を指定するだけでなく、その要素がセルや変数に入っていたり、関数の結果だったりします。そうした、＆演算子による文字列の結合はイメージがすべてです。どのような文字列になるか、適切にイメージできるようになってください。

```
Sub Sample15()
    Dim i As Long
    For i = 1 To 5
        Cells(i, 2) = Left(Cells(i, 1), 1) & "-" & Right(Cells(i, 1), 3)
    Next i
End Sub
```

	A	B
1	A287	A-287
2	B728	B-728
3	A307	A-307
4	B609	B-609
5	A523	A-523

```
Sub Sample16()
    Dim A As Variant, i As Long
    For i = 1 To 5
        A = Split(Cells(i, 1), "-")
        Cells(i, 2) = A(1) & A(2) & "/" & A(0)
    Next i
End Sub
```

	A	B
1	75-札幌-A	札幌A/75
2	512-東京-B	東京B/512
3	36-大阪-C	大阪C/36
4	609-広島-D	広島D/609
5	48-福岡-E	福岡E/48

3

ステートメント

繰り返しや条件分岐など、マクロの実行を制御する命令がステートメントです。マクロでは、そうした制御が不可欠です。しかし、ほとんどのステートメントはマクロ記録で記録されませんので、自分で学習しなければなりません。

3-1 Exitステートメント
3-2 Select Caseステートメント
3-3 Do...Loopステートメント
3-4 For Each...Nextステートメント
3-5 Ifステートメント

3-1 Exitステートメント

Exitステートメントは、処理を途中で終了する命令です。何の処理を終了するかは、Exitステートメントの後ろに指定します。

● Exit Sub
Subプロシージャを終了します。

```
Sub Macro()
    Exit Sub
End Sub
```

● Exit Function
Functionプロシージャを終了します。

```
Function Macro()
    Exit Function
End Function
```

● Exit For
For...NextステートメントまたはFor Each...Nextステートメントを終了します。

```
Sub Macro()

    For i = 1 To 100
        Exit For
    Next i

End Sub
```

● **Exit Do**

Do...Loopステートメントを終了します。

```
Sub Macro()

    Do While i < 1000
        Exit Do
    Loop

End Sub
```

Exit Subステートメント／Exit Functionステートメント

「Exit Sub」と「Exit Function」は、どちらもプロシージャを終了させます。次のコードは、セル範囲A1:A100のセルをチェックして、もしセルが空欄（""）だったらプロシージャを終了させます。実行しているプロシージャが終了するのですから、最後のMsgBoxは表示されません。

```
Sub Sample1()
    Dim i As Long
    For i = 1 To 100
        '何かの処理
        If Cells(i, 1) = "" Then
            Exit Sub
        End If
    Next i
    MsgBox "終わりました"
End Sub
```

Exit Forステートメント

「Exit For」は、For...NextステートメントまたはFor Each...Nextステートメントによる繰り返し処理を終了して、「Next」の次の行から処理を続けます。次のコードは、セル範囲A1:A100のセルをチェックして、もしセルが空欄（""）だったらFor...Nextステートメントによる繰り返しを終了して、次の行を実行します。「Exit Sub」と違い、「Exit For」はFor...Nextステートメントによる繰り返しを終了するだけですから、プロシージャは継続され、最後のMsgBoxが実行されます。

```
Sub Sample2()
    Dim i As Long
    For i = 1 To 100
        '何かの処理
        If Cells(i, 1) = "" Then
            Exit For
        End If
    Next i
    MsgBox "終わりました"
End Sub
```

For Each...Nextステートメントによる繰り返し処理については、「3-4 For Each...Nextステートメント」で解説します。

Exit Doステートメント

「Exit Do」は、Do...Loopステートメントによる繰り返し処理を終了して、「Loop」の次の行から処理を続けます。次のコードは、セル範囲A1:A100のセルをチェックして、もしセルが空欄("")だったらDo...Loopステートメントによる繰り返しを終了して、次の行を実行します。

```
Sub Sample3()
    Dim i As Long
    Do While i < 101
        '何かの処理
        i = i + 1
        If Cells(i, 1) = "" Then
            Exit Do
        End If
    Loop
    MsgBox "終わりました"
End Sub
```

Do...Loopステートメントによる繰り返し処理については、「3-3 Do...Loopステートメント」で解説します。

3-2 Select Case ステートメント

Select Caseステートメントは、複数の条件を同時に判定するときに使用します。Select Case ステートメントの書式は、次の通りです。

```
Select Case 値
    Case 条件1
        処理1
    Case 条件2
        処理2
        :    :
    Case 条件n
        処理n
    [Case Else]
        [その他の処理]
End Select
```

「値」には、評価の対象を指定します。たとえば、変数bufの値によって処理を分岐するなら

```
Select Case buf
```

となりますし、セルA1に入力されている値によって処理を分岐するときは

```
Select Case Range("A1").Value
```

となります。

処理を分岐するための条件は、Caseに続けて指定します。たとえば、変数bufの値が「1」または「2」または「3」のとき、いずれかの処理を行うときは、次のように記述します。

```
Select Case buf
    Case 1
        処理1
    Case 2
        処理2
    Case 3
        処理3
End Select
```

セルA1に「月曜」「火曜」「水曜」のいずれかが入力されているとき、それぞれの値によって処理を分岐するには、次のように記述します。

```
Select Case Range("A1").Value
    Case "月曜"
        処理1
    Case "火曜"
        処理2
    Case "水曜"
        処理3
End Select
```

Caseに続く条件に複数の条件を指定するときは、次のように指定します。

【1または3または5】
```
Case 1, 3, 5
```

【10から20】
```
Case 10 To 20
```

複数の条件をカンマで区切ると、指定した条件のいずれかひとつに該当するとき、条件に一致したとみなされます。

2つの引数を「To」で接続すると、範囲を指定したことになります。このとき、Toの左側は、Toの右側より小さい値でなければいけません。

Caseの条件で、「値」に指定した評価対象を比較するときは、**Is**というキーワードを使います。Caseに続く条件で使用するIsは、「値」に指定した評価対象を指します。たとえば次のコードは、セルA1の値が10より小さかったら処理1を実行し、セルA1の値が20以上だったら処理2を

実行します。

```
Select Case Range("A1").Value
    Case Is < 10
        処理1
    Case Is >= 20
        処理2
End Select
```

Caseに続く条件指定の最後に「Case Else」を指定すると、いずれの条件にも一致しないとき、Case Elseで指定した処理が実行されます。
変数bufの値が「水曜」だったとき、

```
Select Case buf
    Case "月曜"
        処理1
    Case "火曜"
        処理2
End Select
```

上記のコードでは何も実行されません。

変数bufの値が「水曜」だったとき、

```
Select Case buf
    Case "月曜"
        処理1
    Case "火曜"
        処理2
    Case Else
        処理3
End Select
```

上記のコードでは「処理3」が実行されます。もちろん「水曜」だけでなく、変数bufの値が「月曜」「火曜」のいずれでもないときは、処理3が実行されます。

3-3 Do...Loop ステートメント

Do...Loopステートメントは、指定した条件によって処理を繰り返す命令です。繰り返す範囲は、「Do」から「Loop」までです。Do...Loopステートメントで、繰り返し条件の指定方法は、次の2通りがあります。

【繰り返しの前で条件を判定する】

```
Do 条件
    処理
Loop
```

【繰り返しの後で条件を判定する】

```
Do
    処理
Loop 条件
```

条件は「条件が正しい間は繰り返す」と「条件が正しくない間は繰り返す」の2通りを指定できます。
「条件が正しい間は繰り返す」ときは「While」を使って

```
While 条件
```

と指定し、「条件が正しくない間は繰り返す」ときは「Until」を使って

```
Until 条件
```

と指定します。

たとえば、「セルA1の値が10以下の間は繰り返す」には、

```
While Range("A1").Value <= 10
```

とします。
WhileとUntilの指定は、相反することが多いので、どちらを使っても同じ結果になる場合もあります。「セルA1が空欄の間は繰り返す」とき、

　While Range("A1").Value = ""

と

　Until Range("A1").Value <> ""

は、同じ条件になります。

以上のことから、Do...Loopステートメントの書式は、次の4パターンが考えられます。

```
【パターン1】
Do While 条件
    処理
Loop


【パターン2】
Do Until 条件
    処理
Loop


【パターン3】
Do
    処理
Loop While 条件


【パターン4】
Do
    処理
Loop Until 条件
```

マクロで実行したい処理の内容に合わせて、最適なパターンを使用してください。

> **memo**
>
> Do...Loopステートメントは"条件による繰り返し"のステートメントですが、条件を指定しないという書き方もできます。
>
> ```
> Do
>     何かの処理
> Loop
> ```
>
> と書くと、このDo...Loopステートメントは永遠に終わりません。こうした書き方を**無限ループ**などと呼びます。何らかの事情で条件を指定できないときは、Do...Loopステートメントの中で、繰り返しを終了するための条件を判定し、「Exit Do」でループを強制終了させます。
>
> ```
> Do
>     何かの処理
>     If 条件 Then Exit Do
> Loop
> ```

次のコードは、A列に入力されているすべての数値を合計し、計算結果を画面に表示します。

```
Sub Sample4()
    Dim i As Long, A As Long
    i = 1
    Do While Cells(i, 1) <> ""
        A = A + Cells(i, 1)
        i = i + 1
    Loop
    MsgBox A
End Sub
```

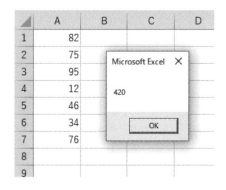

3-4 For Each...Next ステートメント

For Each...Nextステートメントは、グループのメンバーをひとつずつ順番に取り出して操作します。For Each...Nextステートメントの書式は次の通りです。

```
For Each 変数 In グループ名
    変数を使った操作
Next 変数
```

メンバーを取り出すグループには、次の3つを指定できます。

❶ コレクション
❷ 複数のセル
❸ 配列

コレクションを操作する

For Each...Nextステートメントでは、グループから取り出したメンバーを格納するために、オブジェクト変数を使います。このとき宣言する変数の型は、取り出すメンバーのタイプに合わせます。たとえば次のコードは、現在Excelで開いているブックの中に「合計.xlsx」という名前のブックが存在するかどうかを調べます。ブックはWorkbookオブジェクトで表されますので、取り出したメンバーを格納するオブジェクト変数の型は「As Workbook」とします。「In」の後ろに指定したWorkbooksコレクションから、Workbookオブジェクトをひとつずつ取り出して、オブジェクト変数（ここではwb）に格納します。オブジェクト変数wbを使って、ブックをひとつずつ操作できます。

```
Sub Sample5()
    Dim wb As Workbook
    For Each wb In Workbooks
        If wb.Name = "合計.xlsx" Then
            MsgBox "存在します"
        End If
```

次ページへ続く

```
        Next wb
End Sub
```

セル範囲を操作する

For Each...Nextステートメントで操作するグループとして、指定する機会が最も多いのは②の「セル範囲」です。セル範囲とは"複数のセル"のことで、一般的なコレクションとは異なります。しかしセル範囲もコレクションと同じように、複数の同じRangeオブジェクトが集まった集合体と考えられます。

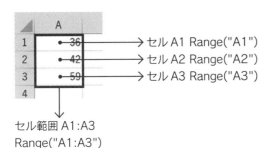

セル範囲A1:A3は、Range("A1:A3")で表されます。
このRange("A1:A3")の中には、Range("A1")、Range("A2")、Range("A3")という3つのメンバーが存在します。それらのセルを、For Each...Nextステートメントでひとつずつ操作できます。セルはRangeオブジェクトで表されます。そこで、For Each...Nextステートメント内で使うオブジェクト変数は、Range型を指定します。

```
Sub Sample6()
    Dim C As Range
    For Each C In Range("A1:A3")
        C = C * 2
    Next C
End Sub
```

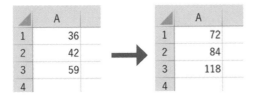

> **memo**
>
> For Each...Nextステートメントを使うのは、メンバーに対してそれぞれ別の処理をするときです。上記のコードでは、
>
> セルA1に対して　→　セルA1×2を代入する
> セルA2に対して　→　セルA2×2を代入する
> セルA3に対して　→　セルA3×2を代入する
>
> という処理をしています。もし、すべてのメンバーに同じ処理をするのでしたら、セル範囲A1:A3(Range("A1:A3"))に対して、ひとつの処理を実行すれば済みます。次のコードは、3つのセルに"Excel"と代入します。
>
> Range("A1:A3") = "Excel"

上記のように、対象とするセル範囲があらかじめ分かっているのなら、何もFor Each...Nextステートメントを使わなくてもいいです。実務では、マクロ実行前にユーザーが任意のセルを選択して、マクロの中でそのセルをひとつずつ操作することがあります。マクロ実行前にユーザーがどのセルを選択するかは分かりません。

マクロ実行時に選択されているセルは、Selectionで表されます。もし複数のセルが選択されていたら、このSelectionの中には選択されているセルがメンバーとして格納されます。

選択されている複数のセル＝ Selection

マクロ実行前に選択された複数のセルに対して、ひとつずつ操作するときは、For Each...NextステートメントのグループにSelectionを指定します。次のコードは、ユーザーが選択したセルの値をすべて10倍にします。

```
Sub Sample7()
    Dim C As Range
    For Each C In Selection
        C = C * 10
    Next C
End Sub
```

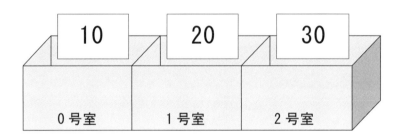

> **memo**
> For Each...Nextステートメントでセルをひとつずつ取り出すというのは、VBAが内部で行う作業です。実際にマウスでクリックしてひとつずつ選択するわけではありません。For Each...Nextステートメントでセルをひとつずつ操作しても、マクロ実行前の選択状態は変化しません。

配列を操作する

For Each...Nextステートメントのグループには、配列も指定できます。配列も、コレクションやセル範囲と同じように、複数の要素が集まった集合体です。

上図のように、各要素に3つの数値が入力されている配列があったとします。これら各要素の数値をひとつずつ取り出して操作するときにも、For Each...Nextステートメントが役立ちます。次のコードは、それぞれの数値を合計して画面に表示します。

```
Sub Sample8()
    Dim A(2) As Long, N As Variant, SUM As Long
    A(0) = 10
    A(1) = 20
    A(2) = 30
    For Each N In A
        SUM = SUM + N
    Next N
    MsgBox SUM
End Sub
```

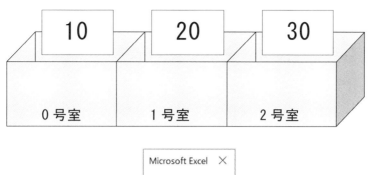

配列の要素をFor Each...Nextステートメントでひとつずつ操作するときは、For Each...Nextステートメント内で使うオブジェクト変数に、必ず**バリアント型**を指定します。文字列型（String）や長整数型（Long）を指定するとエラーになります。

For Each...Nextステートメントでできる操作は、一般的にFor...Nextステートメントでも実現できることが多いです。For...Nextステートメントは、操作するメンバーの順番が重要な場合に使い、For Each...Nextステートメントは、順番は関係なく、とにかくすべてのメンバーを操作するときに使います。

3-5 Ifステートメント

Ifステートメントは**二値（にち）**を判定するための条件分岐です。二値とは

○か、そうではないか

という2つの値です。もし判定する値が○だったら、条件は正しいことになります。一方、○でなければ×でも□でも△でも何でも条件が間違っていると判断されます。

月曜か、そうではないか

という判定は、次のように記述します。

```
If 今日の曜日 = 月曜 Then
    月曜の処理
Else
    月曜ではないときの処理
End If
```

もし「月曜だったら処理1」「火曜だったら処理2」……のように**二値ではない**判定をするなら、IfステートメントではなくSelect Caseステートメントを使います。

複数条件による条件分岐

Ifステートメントでは複数の条件を指定することができます。

```
If 条件1 Or 条件2 Then
If 条件1 And 条件2 Then
```

次のコードは、A列の2～10行目に入力されている名前が"広瀬"または"西野"または"桜井"だったとき、B列の数値を2倍してC列に代入します。

```
Sub Sample9()
    Dim i As Long
    For i = 2 To 10
        If Cells(i, 1) = "広瀬" Or Cells(i, 1) = "西野" Or Cells(i, 1) = "桜井" Then
            Cells(i, 3) = Cells(i, 2) * 2
        End If
    Next i
End Sub
```

	A	B	C	D
1	名前	数値	結果	
2	山田	10		
3	佐藤	20		
4	広瀬	30	60	
5	中村	40		
6	西野	50	100	
7	足立	60		
8	山岸	70		
9	桜井	80	160	
10	永井	90		
11				

VBEのコードモジュールは、1行に1,024文字まで入力できますので、その範囲内であればいくつでも条件を指定できます。しかし、こうしてOrやAndを多用すると、可読性が著しく低下します。OrやAndを使った複数の条件指定は、Ifステートメントを分割することで、同じ動作を記述できます。

```
If 条件1 Or 条件2 Then
  処理
End if
```

は、次のように記述できます。

```
If 条件1 Then
  処理
End If
```

```
If 条件2 Then
  処理
End If
```

If 条件1 Or 条件2 Then は

・条件1が正しかったら処理を実行する
・条件2が正しかったら処理を実行する
・どの条件も正しくなかったら処理は実行しない

という意味です。Orを使った記述と、Ifステートメントを複数使う記述で、動作を考えてみましょう。

次の図中の○は条件を満たしていること、✗は条件を満たしていないことを表しています。

【Orを使った記述】

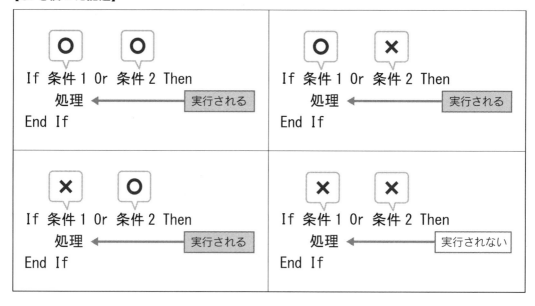

【Ifステートメントを複数使う記述】

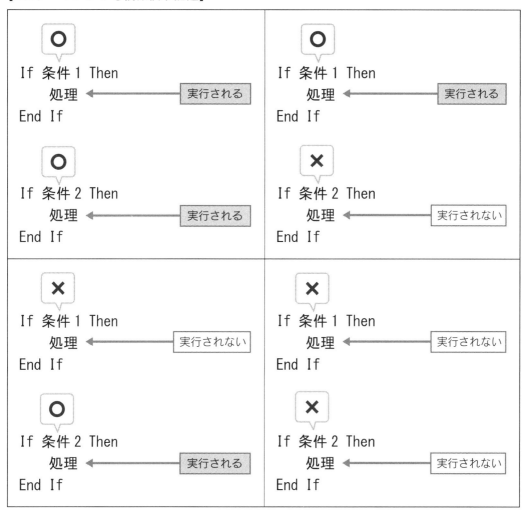

Sample9のコードは、次のように記述できます。

```
Sub Sample10()
    Dim i As Long
    For i = 2 To 10
        If Cells(i, 1) = "広瀬" Then
            Cells(i, 3) = Cells(i, 2) * 2
        End If
        If Cells(i, 1) = "西野" Then
            Cells(i, 3) = Cells(i, 2) * 2
        End If
        If Cells(i, 1) = "桜井" Then
```

次ページへ続く

```
                Cells(i, 3) = Cells(i, 2) * 2
            End If
        Next i
End Sub
```

細かい違いは、条件1と条件2のどちらも正しかったときです。

```
If 条件1 Or 条件2 Then
    処理
End If
```

では、処理が1回しか実行されませんが、

```
If 条件1Then
    処理
End If
If 条件2 Then
    処理
End If
```

では、同じ処理が2回実行されます。

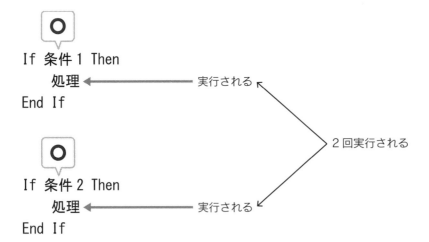

一般的には、同じ処理を2回繰り返しても、実行結果は変わりません。同じ処理を繰り返したくないときは、2回目以降は実行しないために判定用の変数を使います。

Andを使った条件分岐も同じように、複数のIfステートメントを組み合わせることで表現できます。次のコードは、B列の2〜10行目の数値が20より大きく、かつ、70より小さいときだけ、B列の数値を2倍してC列へ代入します。

```
Sub Sample11()
    Dim i As Long
    For i = 2 To 10
        If 20 < Cells(i, 2) And Cells(i, 2) < 70 Then
            Cells(i, 3) = Cells(i, 2) * 2
        End If
    Next i
End Sub
```

	A	B	C	D
1	名前	数値	結果	
2	山田	10		
3	佐藤	20		
4	広瀬	30	60	
5	中村	40	80	
6	西野	50	100	
7	足立	60	120	
8	山岸	70		
9	桜井	80		
10	永井	90		
11				

```
If 条件1 And 条件2 Then
    処理
End If
```

という条件分岐は、

```
If 条件1 Then
    If 条件2 Then
        処理
    End If
End If
```

と同じことです。

```
Sub Sample12()
    Dim i As Long
    For i = 2 To 10
        If 20 < Cells(i, 2) Then
            If Cells(i, 2) < 70 Then
                Cells(i, 3) = Cells(i, 2) * 2
            End If
        End If
    Next i
End Sub
```

If 条件1 And 条件2 Then は

・条件1が正しい、条件2が正しい → 処理を実行する
・条件1が正しい、条件2が正しくない → 処理を実行しない
・条件1が正しくない、条件2が正しい → 処理を実行しない
・条件1が正しくない、条件2が正しくない → 処理を実行しない

という意味です。Andを使った記述と、Ifステートメントを入れ子にする記述で、動作を考えてみましょう。

【Andを使った記述】

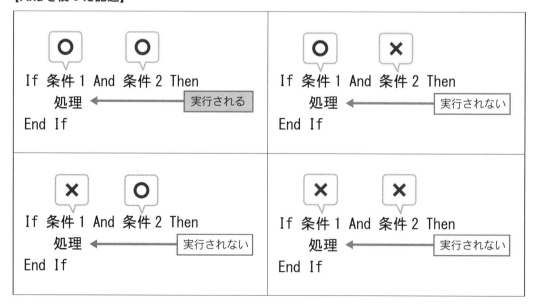

【Ifステートメントを入れ子にする記述】

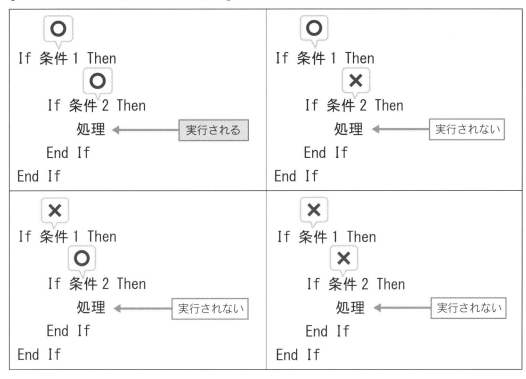

Ifステートメントを入れ子にした場合、条件2を判定するのは、条件1が正しいときだけです。もし条件1が正しくなかったら、そもそも条件2の判定に進みません。

次のケースで考えてみましょう。

	A	B	C	D
1	記号	地域	数値	結果
2	A	東京	10	
3	B	広島	20	
4	C	福岡	30	
5	A	神奈川	40	
6	B	大阪	50	
7	C	鹿児島	60	
8	A	静岡	70	
9	B	兵庫	80	
10	C	大分	90	
11	A	東京	100	
12	B	広島	110	
13	C	佐賀	120	
14	A	神奈川	130	
15	B	兵庫	140	
16	C	宮崎	150	
17				

A列には「A」「B」「C」という3つの記号が入力されています。まず最初の条件として

　・記号が「A」または「B」

だったら処理を行います。
記号「A」の地域は「東京」「神奈川」「静岡」の3があります。このうち

　・記号が「A」であり、地域が「東京」または「神奈川」

だったら処理を行います。
記号「B」の地域は「広島」「大阪」「兵庫」の3つがあります。このうち

　・記号が「B」であり、地域が「大阪」または「兵庫」

だったら処理を行います。処理は簡単に、C列の数値を2倍にしてD列に代入します。

この条件分岐を、ひとつのIfステートメントで、AndやOrを使って書いてみます。

```
Sub Sample13()
    Dim i As Long
    For i = 2 To 16
        If (Cells(i, 1) = "A" And Cells(i, 2) = "東京") Or (Cells(i, 1) = "A" And Cells(i, 2) = "神奈川") Or (Cells(i, 1) = "B" And Cells(i, 2) = "大阪") Or (Cells(i, 1) = "B" And Cells(i, 2) = "兵庫") Then
            Cells(i, 4) = Cells(i, 3) * 2
        End If
    Next i
End Sub
```

	A	B	C	D
1	記号	地域	数値	結果
2	A	東京	10	20
3	B	広島	20	
4	C	福岡	30	
5	A	神奈川	40	80
6	B	大阪	50	100
7	C	鹿児島	60	
8	A	静岡	70	
9	B	兵庫	80	160
10	C	大分	90	
11	A	東京	100	200
12	B	広島	110	
13	C	佐賀	120	
14	A	神奈川	130	260
15	B	兵庫	140	280
16	C	宮崎	150	
17				

結果は正しいですが、条件を読み解くのが困難です。こんなときは先のように、複数のIfステートメントを組み合わせて記述すると、可読性が高まります。

```
Sub Sample14()
    Dim i As Long
    For i = 2 To 16
        If Cells(i, 1) = "A" Then
            If Cells(i, 2) = "東京" Then
                Cells(i, 4) = Cells(i, 3) * 2
            End If
            If Cells(i, 2) = "神奈川" Then
                Cells(i, 4) = Cells(i, 3) * 2
            End If
        End If
        If Cells(i, 1) = "B" Then
            If Cells(i, 2) = "大阪" Then
                Cells(i, 4) = Cells(i, 3) * 2
            End If
            If Cells(i, 2) = "兵庫" Then
                Cells(i, 4) = Cells(i, 3) * 2
            End If
        End If
```

次ページへ続く

```
        Next i
End Sub
```

もし、何度も同じ「Cells(i, 4) = Cells(i, 3) * 2」を記述したくないのでしたら、次のようにプロシージャを分けます。

```
Sub Sample15()
    Dim i As Long
    For i = 2 To 16
        If Cells(i, 1) = "A" Then
            If Cells(i, 2) = "東京" Then
                Call 計算(i)
            End If
            If Cells(i, 2) = "神奈川" Then
                Call 計算(i)
            End If
        End If
        If Cells(i, 1) = "B" Then
            If Cells(i, 2) = "大阪" Then
                Call 計算(i)
            End If
            If Cells(i, 2) = "兵庫" Then
                Call 計算(i)
            End If
        End If
    Next i
End Sub

Sub 計算(N As Long)
    Cells(N, 4) = Cells(N, 3) * 2
End Sub
```

これなら、もし「Cells(i, 4) = Cells(i, 3) * 2」で扱うC列やD列が変更になっても、「Sub 計算」を修正するだけで対応できます。

プログラミングでは、同じ結果を得るための手法や記述が複数あります。どれが"良い"とか"悪い"ではなく、いろいろな発想をしてください。

4

ファイルの操作

マクロで操作するのはセルだけではありません。セルを操作するためには、まずブックを開かなければなりません。編集や集計が終わったブックは、名前を付けて保存しなければなりません。また、新しいフォルダーを作成して、既存のブックをそこへコピーすることもあります。ここでは、そうしたブック（ファイル）の操作を解説します。

4-1　ブックを開く
4-2　ブックを保存する
4-3　ファイルをコピーする
4-4　フォルダーを操作する

4-1 ブックを開く

ブックを開くには、Workbooksコレクションの**Openメソッド**を使います。次のコードは、「C:¥Work¥営業部_売上.xlsx」を開きます。

```
Sub Sample1()
    Workbooks.Open "C:¥Work¥営業部_売上.xlsx"
End Sub
```

では、ファイル名の一部で使われている"営業部"がセルに入力されていたらどうでしょう。

実務ではこのように、セルに入力された文字列を使ってファイル名などを**作る**ケースが多いです。このときは、**&演算子**を使って文字列を**結合**して、目的の文字列を作ります。

&演算子は、複数の文字列を結合し、結果として文字列を作ります。たとえば、"東京都"という文字列と"千代田区"という文字列を結合すると、"東京都千代田区"という文字列を作れます。

```
Sub Sample2()
    MsgBox "東京都" & "千代田区"
End Sub
```

"東京都千代田区"
↓
"東京都" & "千代田区"

今回作りたいのは「"C:¥Work¥営業部_売上.xlsx"」という文字列です。この文字列は、次のように分解できます。

"C:¥Work¥営業部_売上.xlsx"

"C:¥Work¥" & "営業部" & "_売上.xlsx"

このうち"営業部"という文字列がセルA1に入力されているのですから

"C:¥Work¥営業部_売上.xlsx"

"C:¥Work¥" & "営業部" & "_売上.xlsx"

"C:¥Work¥" & Range("A1") & "_売上.xlsx"

のように結合することで、目的の「"C:¥Work¥営業部_売上.xlsx"」を作れます。

> **memo**
> Range("A1")は、Range("A1").ValueのValueプロパティを省略した書き方です。セルA1に入力されている**値**を表します。セルA1に入力されている値は「"営業部"」という文字列です。

このとき「Range("A1")」をダブルクォーテーション（""）で囲ってはいけません。ここではRange("A1")に入っている値を使いたいのです。もしRange("A1")をダブルクォーテーション（""）で囲ってしまうと「Range("A1")」という**文字列**を表したことになります。

```
Sub Sample3()
    Workbooks.Open "C:¥Work¥" & Range("A1") & "_売上.xlsx"
End Sub
```

フォルダー内の複数のブックを開く

「C:¥Work」フォルダーに、次のようなブックが保存されていたとします。

広瀬.xlsx

桜井.xlsx

西野.xlsx

セルには、3名の名前が入力されています。この名前を使って、「C:¥Work」フォルダー内にある3つのブックをすべて開きます。これは次のように考えます。

まず、開きたいブックを表す文字列は、次の3つです。

C:¥Work¥広瀬.xlsx
C:¥Work¥桜井.xlsx
C:¥Work¥西野.xlsx

このうち、名前を除く部分は共通です。

C:¥Work¥広瀬.xlsx
C:¥Work¥桜井.xlsx
C:¥Work¥西野.xlsx

"C:¥Work¥" & "広瀬" & ".xlsx"
"C:¥Work¥" & "桜井" & ".xlsx"
"C:¥Work¥" & "西野" & ".xlsx"

名前はセルに入力されています。

	A
1	広瀬
2	桜井
3	西野

3つのセルは、列が同じで、行だけが、1→2→3と変化しています。

C:¥Work¥広瀬.xlsx
C:¥Work¥桜井.xlsx
C:¥Work¥西野.xlsx

"C:¥Work¥" & "広瀬" & ".xlsx"
"C:¥Work¥" & "桜井" & ".xlsx"
"C:¥Work¥" & "西野" & ".xlsx"

"C:¥Work¥" & Cells(1, 1) & ".xlsx"
"C:¥Work¥" & Cells(2, 1) & ".xlsx"
"C:¥Work¥" & Cells(3, 1) & ".xlsx"

この変化していく数値をFor...Nextステートメントで作ります。

C:¥Work¥広瀬.xlsx
C:¥Work¥桜井.xlsx
C:¥Work¥西野.xlsx

"C:¥Work¥" & "広瀬" & ".xlsx"
"C:¥Work¥" & "桜井" & ".xlsx"
"C:¥Work¥" & "西野" & ".xlsx"

"C:¥Work¥" & Cells(1, 1) & ".xlsx"
"C:¥Work¥" & Cells(2, 1) & ".xlsx"
"C:¥Work¥" & Cells(3, 1) & ".xlsx"

For i = 1 To 3
　　"C:¥Work¥" & Cells(i, 1) & ".xlsx"
Next i

```
Sub Sample4()
    Dim i As Long
    For i = 1 To 3
        Workbooks.Open "C:¥Work¥" & Cells(i, 1) & ".xlsx"
    Next i
End Sub
```

開くブックの名前を&演算子で作るという基本的な考え方は間違っていませんが、このマクロは正常に動作しません。原因は

Cells(i, 1)

のように、セルを指定しているときに、ブックやシートの階層構造を省略しているところです。階層構造を省略すると、このCells(i, 1)は「アクティブシートのCells(i, 1)」という意味になります。しかし、最初の「広瀬.xlsx」を開いたとき、アクティブブックが「広瀬.xlsx」に変わります。したがって、2回目のCells(i, 1)は「広瀬.xlsxのアクティブシート」になってしまいます。このときは、ただCells(i, 1)ではなく、マクロ実行前にアクティブシートだったシートを指定しなければなりません。

こんなときは、**ThisWorkbook**という指定をします。ThisWorkbookというのは、現在実行中のマクロが書かれているブックのことです。もし、最初のアクティブシートがSheet1だったとすれば、先のコードは

```
Sub Sample4()
    Dim i As Long
    For i = 1 To 3
        Workbooks.Open _
            "C:\Work\" & ThisWorkbook.Sheets("Sheet1").Cells(i, 1) & ".xlsx"
    Next i
End Sub
```

あるいは、

```
Sub Sample4()
    Dim i As Long, FileName As String
    For i = 1 To 3
        FileName = ThisWorkbook.Sheets("Sheet1").Cells(i, 1)
        Workbooks.Open "C:\Work\" & FileName & ".xlsx"
    Next i
End Sub
```

などとしなければなりません。

ブックを開くと、開いたブックが必ずアクティブブックになります。当然そこでアクティブシートも変化します。複数のブックを開くときは、常に「いま何がアクティブブック（アクティブシート）なのか」を意識してください。

4-2 ブックを保存する

アクティブブックに名前を付けて保存するときは、**SaveAs**というメソッドを使います。次のコードは、アクティブブックを「C:¥Work」フォルダーに「2019年売上.xlsx」という名前で保存します。

```
Sub Sample5()
    ActiveWorkbook.SaveAs "C:¥Work¥2019年売上.xlsx"
End Sub
```

この"2019"が今年の年だったとします。もし「2019年売上」と年を固定するのではなく「<今年の年>年売上」で保存するのなら、今年の年を取得しなければなりません。年を取得するには、**Year関数**を使います。

Year（日付）

Year関数は、引数「日付」に指定した日付の年を返します。ここでは今年の年を調べたいのですから、引数「日付」には、今日の日付を指定します。現在の日時は、**Now関数**で取得できます。

```
Sub Sample6()
    MsgBox Year(Now)
End Sub
```

ここで取得した"2019"を、先の"C:¥Work¥2019年売上.xlsx"に組み込みます。

"C:\Work\2019年売上.xlsx"

"C:\Work\" & "2019" & "年売上.xlsx"

"C:\Work\" & Year(Now) & "年売上.xlsx"

```
Sub Sample7()
    ActiveWorkbook.SaveAs "C:\Work\" & Year(Now) & "年売上.xlsx"
End Sub
```

もし"C:\Work\2019年売上.xlsx"がすでに存在していたら、上書きするかどうかの確認が表示されます。

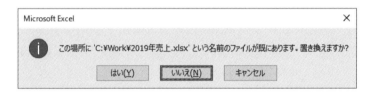

［はい］ボタンをクリックすると上書き保存されます。［いいえ］ボタンや［キャンセル］ボタンをクリックすると、マクロがエラーになります。エラーに関しては「第9章 エラー対策」を参照してください。

では、保存するブックの名前が

"C:\Work\20190415.xlsx"

だったらどうでしょう。ここで"20190415"は今日の日付「2019年4月15日」を表しているとします。先のYear関数は、今日の日付の年を取得できました。しかし、こうした日付を表す数値を**加工**するときは、**Format関数**を使います。Format関数の書式は次の通りです。

Format(値, 書式記号)

Format関数は、引数「値」に引数「書式記号」で指定した**表示形式**を設定したとき、それがどう表示されるかの結果を返します。実際に、セルの表示形式を設定して確認してみましょう。

セルにNOW関数を代入して現在の日時を表示しました。このセルに表示形式を設定してみます。実際に設定した結果は、[セルの書式設定]ダイアログボックスのサンプルに表示されます。

書式記号	結果
yyyy	西暦4桁年の数値
m	月の数値
mm	月の数値（1桁めには0が付加されて2桁になる）
d	日の数値
dd	日の数値（1桁めには0が付加されて2桁になる）

今回は「2019年4月15日」を"20190415"という文字列に変換します。月の数値が"04"のように2桁になっていることに留意してください。2桁の月を表す書式記号は"m"ではなく"mm"です。

"C:¥Work¥20190415.xlsx"

"C:¥Work¥" & "20190415" & ".xlsx"

"C:¥Work¥" & Format(Now, "yyyymmdd") & ".xlsx"

```
Sub Sample8()
    ActiveWorkbook.SaveAs "C:¥Work¥" & Format(Now, "yyyymmdd") & ".xlsx"
End Sub
```

このように、Format関数で文字列を加工すると"01"や"002"のような文字列を作れます。

```
Sub Sample9()
    Dim i As Long
    For i = 1 To 5
        Cells(i, 1) = "A-" & Format(i, "000")
    Next i
End Sub
```

	A
1	A-001
2	A-002
3	A-003
4	A-004
5	A-005
6	

4-3 ファイルをコピーする

フォルダーに保存されているブックを、Excelで開くのではなく、直接操作します。ここでは、ファイルをコピーする方法を解説します。

フォルダーに保存されているファイルをコピーするには、**FileCopyステートメント**を使います。FileCopyステートメントの書式は次の通りです。

```
FileCopy コピー元のファイル名, コピー先のファイル名
```

もし「C:¥Work¥売上.xlsx」を「C:¥Work¥Sub」フォルダーにコピーするなら

```
Sub Sample10()
    FileCopy "C:¥Work¥売上.xlsx", "C:¥Work¥Sub¥売上.xlsx"
End Sub
```

とします。コピー先には、コピー先のフォルダー名だけでなくファイル名も指定することに留意してください。

コピー先のファイル名には、コピー元のファイル名とは異なる名前も指定できます。

```
Sub Sample11()
    FileCopy "C:¥Work¥売上.xlsx", "C:¥Work¥Sub¥売上(2019).xlsx"
End Sub
```

とすれば「C:¥Work¥売上.xlsx」を「C:¥Work¥Sub」フォルダーに"売上(2019).xlsx"という名前でコピーします。

コピー先のフォルダーに、すでに同名のファイルが存在する場合は上書きされます。このとき、上書きするかどうかの確認メッセージは表示されません。

存在しないフォルダーにコピーしようとするとエラーになります。

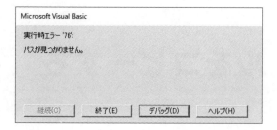

4-4 フォルダーを操作する

すでに存在しているファイルを別のフォルダーにコピーする場合、先にコピー先フォルダーを作成することがあります。フォルダーを作成するには、**MkDirステートメント**使います。MkDirステートメントの書式は次の通りです。

```
MkDir 作成するフォルダー名
```

次のコードは、「C:¥Work」フォルダーの下に新しく「2019」というフォルダーを作成します。

```
Sub Sample12()
    MkDir "C:¥Work¥2019"
End Sub
```

すでに存在しているフォルダーと同じ名前のフォルダーを作成しようとするとエラーになります。

```
Microsoft Visual Basic
実行時エラー '76':
パスが見つかりません。

継続(C)  終了(E)  デバッグ(D)  ヘルプ(H)
```

> **memo**
> MkDirの"Mk"は、"作る"を意味する"Make"の略です。"Dir"はディレクトリ（Directory）の意味です。現在のWindowsでは、ファイルを保存する小部屋のことを"フォルダー"と呼びますが、以前使われていたMS-DOSでは、これを"ディレクトリ"と呼びました。MkDirは、その時代に作られたステートメントですので、フォルダーのことを"Dir"と表しています。

次のコードは、「C:¥Work」フォルダーに保存されている

C:¥Work¥広瀬.xlsx
C:¥Work¥桜井.xlsx
C:¥Work¥西野.xlsx

を、新しく作成する「C:¥Work¥2019」フォルダーにコピーします。この "2019" は今年の年とします。コピーするときに各ファイルの名前を

 広瀬(2019).xlsx
 桜井(2019).xlsx
 西野(2019).xlsx

に変更します。なお、

 広瀬
 桜井
 西野

という名前は、アクティブシートのセルに入力されているものとします。

	A
1	広瀬
2	桜井
3	西野
4	

```
Sub Sample13()
    Dim i As Long, コピー元 As String, コピー先 As String, 年 As String
    年 = Year(Now)
    MkDir "C:¥Work¥" & 年
    For i = 1 To 3
        コピー元 = "C:¥Work¥" & Cells(i, 1) & ".xlsx"
        コピー先 = "C:¥Work¥" & 年 & "¥" & Cells(i, 1) & "(" & 年 & ").xlsx"
        FileCopy コピー元, コピー先
    Next i
End Sub
```

上記のコードでは、意味を分かりやすくするために、日本語の変数名を使っています。

5

ワークシート関数

VBAからワークシート関数を呼び出すには、WorksheetFunctionを使います。マクロの中でワークシート関数を使うと、VBAのメソッドやプロパティなどだけで記述するよりも、簡単に書けることが多いです。ここでは、実務でよく使われるケースを解説します。

5-1 WorksheetFunctionの使い方
5-2 いろいろな関数

5-1 WorksheetFunctionの使い方

VBAの中で、ワークシート関数を使うときは、WorksheetFunctionに続けて関数名と引数を指定します。

```
WorksheetFunction.関数名(引数)
```

引数は、ワークシート関数をセルの中で使うときと同じように指定します。ただし、セルの中でワークシート関数を使うとき、別のセルを参照するには

```
=SUM(A1:A5)
```

のように、ただセルのアドレスを書くだけですが、VBAでセルを参照するときはRangeやCellsなどセルを指し示す単語を使わなければなりません。

```
WorksheetFunction.Sum(Range("A1:A5"))
```

WorksheetFunctionでは、呼び出せないワークシート関数もあります。たとえば、セルの中で使うIF関数などは使えません。どんなワークシート関数を使えるかはExcelのヘルプなどで確認してください。あるいは、VBEのコード上で「WorksheetFunction.」まで入力すると使える関数がリストで表示されますので、ここから選択します。

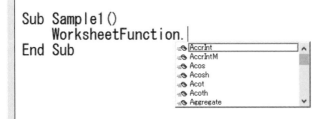

	A	B	C
1	10		
2	20		
3	30		
4	40		
5	50		
6	150		
7			

=SUM(A1:A5)

セルの中でワークシート関数を使うとき、関数の名前はすべて大文字になります。
一方、VBAのWorksheetFunctionでワークシート関数を呼び出したときは、VBAのルールに従って、単語の先頭だけが大文字になります。

```
WorksheetFunction.Sum(Range("A1:A5"))
```

5-2 いろいろな関数

SUM関数

セルに入力されている数値を合計するときは、何といってもSUM関数が便利です。次のコードは、セル範囲A1:A5の数値を合計し、その結果をセルA6に代入します。

```
Sub Sample1()
    Range("A6") = WorksheetFunction.Sum(Range("A1:A5"))
End Sub
```

	A	B
1	10	
2	20	
3	30	
4	40	
5	50	
6	150	
7		

COUNTIF関数／SUMIF関数

特定のデータの件数をカウントするときはCOUNTIF関数を使います。また、特定のデータと同じ行にある数値だけを合計するときはSUMIF関数が便利です。件数と合計が分かれば、平均は割り算で求められます。次のコードは、セル範囲A1:A6で"佐々木"の件数をカウントしてセルE1に代入します。続いてA列が"佐々木"であるB列の数値だけを合計してセルE2に代入します。最後に、合計を個数で割った平均をセルE3に代入します。

```
Sub Sample2()
    With WorksheetFunction
        Range("E1") = .CountIf(Range("A1:A6"), "佐々木")
        Range("E2") = .SumIf(Range("A1:A6"), "佐々木", Range("B1:B6"))
```

```
            Range("E3") = Range("E2") / Range("E1")
        End With
End Sub
```

	A	B	C	D	E
1	菊池	88		件数：	3
2	佐々木	70		合計：	195
3	桜井	87		平均：	65
4	佐々木	73			
5	田中	77			
6	佐々木	52			
7					

COUNTIF関数は、特定のデータの件数をカウントします。もしカウントした結果が0だったら、そのデータは範囲内に存在しないことになります。そこで、COUNTIF関数を使って**データが存在するかどうか**を調べることができます。

```
Sub Sample3()
    If WorksheetFunction.CountIf(Range("A1:A6"), "佐々木") = 0 Then
        MsgBox "存在しません"
    Else
        MsgBox "存在します"
    End If
End Sub
```

マクロではこのように、何かのデータが**存在するかどうか**で処理を分けることがあります。そんなときは、ワークシート関数のCOUNTIF関数が便利です。もしこれを、ワークシート関数を使わず、VBAのメソッドだけで実現すると次のようになります。

```
Sub Sample4()
    Dim A As Range
```

次ページへ続く

```
        Set A = Range("A1:A6").Find(What:="佐々木")
        If A Is Nothing Then
            MsgBox "存在しません"
        Else
            MsgBox "存在します"
        End If
    End Sub
```

COUNTIF関数を使うと1行で判定できるので便利です。

LARGE関数／SMALL関数

LARGE関数は、複数の数値に対して、大きい順で見たときに何番目の数値はいくつかを調べる関数です。逆に小さい順で調べるときはSMALL関数を使います。1番大きい数値というのは最大値ですから、MAX関数でも調べられます。逆に1番小さい数値（最小値）は、MIN関数でも求められます。次のコードは、セル範囲A2:A6に入力された数値のうち、大きい順に第1位、第2位、第3位をそれぞれD列のセルに代入します。

```
Sub Sample5()
    With WorksheetFunction
        Range("D1") = .Large(Range("A2:A6"), 1)
        Range("D2") = .Large(Range("A2:A6"), 2)
        Range("D3") = .Large(Range("A2:A6"), 3)
    End With
End Sub
```

	A	B	C	D
1	データ		1	96
2	88		2	94
3	96		3	89
4	87			
5	89			
6	94			
7				

VLOOKUP関数

表の左端を検索して、見つかった行の指定した位置を返すVLOOKUP関数は、実務で最も使われるワークシート関数のひとつです。当然マクロでも同じ動作が求められます。VBAのメソッドやプロパティなどだけで実現することも可能ですが、使い慣れたVLOOKUP関数を使えれば便利でしょう。次のコードは、セル範囲A2:B7の左端で、セルD1に入力された文字列（ここでは"松本"）を探し、B列の数値をセルE1に代入します。

```
Sub Sample6()
    Range("E1") = WorksheetFunction.VLookup(Range("D1"), Range("A2:B7"), 2, False)
End Sub
```

	A	B	C	D	E
1	名前	数値		松本	89
2	桜井	84			
3	広瀬	93			
4	橋本	69			
5	松本	89			
6	西野	79			
7	斉藤	81			

参考までに、これをVBAのメソッドやプロパティだけで実現すると、次のようになります。

```
Sub Sample7()
    Dim A As Range
    Set A = Range("A2:A6").Find(What:=Range("D1"))
    Range("E1") = A.Offset(0, 1)
End Sub
```

MATCH関数 + INDEX関数

検索する値が表の左端にあり、取得したい値がその右側に存在していれば、VLOOKUP関数で調べることができます。しかし、表の右側を検索して左側を取得するのは、VLOOKUP関数ではできません。こんなとき、ワークシート上ではMATCH関数とINDEX関数を組み合わせて使います。

MATCH関数は、検索する文字列が、指定した範囲の中で「上から何番目」に存在しているかを調べることができます。

	A	B	C	D	E
1	数値	名前		西野	
2	84	桜井			
3	93	広瀬		5	
4	69	橋本			
5	89	松本			
6	79	西野			
7	81	斉藤			

=MATCH(D1, B2:B7, 0)

INDEX関数は、指定した範囲の中で「上から何番目」の値を取得できます。

	A	B	C	D	E
1	数値	名前		西野	
2	84	桜井			
3	93	広瀬		79	
4	69	橋本			
5	89	松本			
6	79	西野			
7	81	斉藤			

=INDEX(A2:A7, 5)

両者を組み合わせると、表の右側を検索して、左側を取得できます。

	A	B	C	D	E
1	数値	名前		西野	
2	84	桜井			
3	93	広瀬		79	
4	69	橋本			
5	89	松本			
6	79	西野			
7	81	斉藤			

=INDEX(A2:A7, MATCH(D1, B2:B7, 0))

次のコードは、セル範囲B2:B7の中で、セルD1に入力された文字列（ここでは"西野"）を探し、A列の数値をセルE1に代入します。

```
Sub Sample8()
    Dim N As Long
    With WorksheetFunction
        N = .Match(Range("D1"), Range("B2:B7"), 0)
        Range("E1") = .Index(Range("A2:A7"), N)
    End With
End Sub
```

	A	B	C	D	E
1	数値	名前		西野	79
2	84	桜井			
3	93	広瀬			
4	69	橋本			
5	89	松本			
6	79	西野			
7	81	斉藤			

セル内で行ったように、INDEX関数の中に直接MATCH関数を記述することもできます。

```
Sub Sample8_2()
    With WorksheetFunction
        Range("E1") = .Index(Range("A2:A7"), .Match(Range("D1"), Range("B2:B7"), 0))
    End With
End Sub
```

しかし、これでは可読性が悪くなります。セル内で、INDEX関数の中に直接MATCH関数を記述するのは、セルの数式は1行で書かなければならず、数式内で変数を使えないなどの制約があるからです。VBAに、そうした制約はありません。無理をしてセルと同じように書く必要はありません。

EOMONTH関数

EOMONTH関数の"EO"とは、"End Of"の略です。EOMONTH関数は、指定した月の**月末の日（End Of Month）**を調べる関数です。

EOMONTH関数の書式は次の通りです。

EOMONTH(開始日, 月)

引数「開始日」には任意の日付を指定します。引数「月」には"何ヶ月後"の月末日を調べるかを数値で指定します。過去の月末日を調べるには、引数「月」に負の数を指定します。

	A	B	C
1	2019/4/1	2019/3/31	← =EOMONTH(A1, -1)
2		2019/4/30	← =EOMONTH(A1, 0)
3		2019/5/31	← =EOMONTH(A1, 1)

引数「開始日」に指定した日付と同じ月の月末日を調べるのなら、引数「月」に0ヶ月後と指定します。次のコードは、セルA1に入力された日付の月末日をセルB1に代入します。

```
Sub Sample9()
    Range("B1") = WorksheetFunction.EoMonth(Range("A1"), 0)
End Sub
```

	A	B	C
1	2019/2/14	2019/2/28	
2			
3			
4			
5			

引数「開始日」には、Excelが日付と認識できる形式を指定します。年月日が数値で入力されているようなときは、それらの数値から日付を作らなければなりません。年月日の数値から、Excelが日付と認識できる形式を作るには、VBAのDateSerial関数を使います。DateSerial関数は

DateSerial(年, 月, 日)

と3つの数値を引数に指定します。次のコードはセルA3に入力された年と、セルA4に入力された月を使って日付を作り、その日付の月末日をセルB3に代入します。

```
Sub Sample10()
    Range("B3") = WorksheetFunction.EoMonth(DateSerial(Range("A3"), Range("A4"), 1), 0)
End Sub
```

	A	B	C
1	2019/2/14	2019/2/28	
2			
3	2019	2019/3/31	
4	3		
5			

6

セルの検索とオートフィルターの操作

セルの検索も、オートフィルターで表を絞り込むのも、いずれにしても何らかのデータを探す作業です。また、検索もオートフィルターも、それ自体がゴールではありません。探した結果見つかったセルに対して何かの処理をします。マクロでは、そこまで想定してコードを書きます。

6-1 セルの検索

6-2 検索結果の操作

6-3 オートフィルターの操作

6-1 セルの検索

Findメソッド

セルを検索するときは、Findメソッドを使います。Findメソッドには次の引数が用意されています。

● **What**
検索する語句を指定します。

● **After**
ここに指定したセルの次のセルから検索を開始します。省略すると検索対象セル範囲の左上セルを指定したことになります。

● **LookIn**
セルに入力されている値を検索するか、数式を検索するかなど、検索する対象を指定します。

● **LookAt**
完全一致検索をするかどうか指定します。

● **SearchOrder**
ワークシートを右方向へ検索するか、下方向へ検索するかの「検索の方向」を指定します。

● **SearchDirection**
次を検索するか、前を検索するかの「検索の向き」を指定します。

● **MatchCase**
大文字と小文字を区別して検索するかどうかを指定します。

● **MatchByte**
半角文字と全角文字を区別して検索するかどうかを指定します。

● SearchFormat
書式を検索の条件に含めるかどうかを指定します。

これら引数の中で、必ず指定しなければいけないのは引数「What」です。また、指定した方がいいのは引数「LookAt」です。引数「LookAt」は、検索する語句を"完全一致"で探すか、"部分一致"で探すかを指定します。Findメソッドで検索するとき、Findメソッドで指定した引数は、前回指定した値がそのまま使われます。これはマクロだけでなく、手動操作で検索を実行したときも、前回の指定が記憶され、その指定にしたがって検索が行われます。つまり、Findメソッドで検索するとき引数「LookAt」を指定しないと、前回ユーザーが手動でセルの検索をしたときの状況で検索が行われてしまうかもしれません。前回ユーザーがどんな操作をしたのか、マクロからは分かりませんので、引数「LookAt」は毎回指定した方が安全です。

【完全一致で検索する】

```
セル範囲.Find(What:=検索する語句, LookAt:=xlWhole)
```

【部分一致で検索する】

```
セル範囲.Find(What:=検索する語句, LookAt:=xlPart)
```

> **重要** 本書では、コードを簡素化するために、引数「LookAt」を省略して解説します。

Findメソッドは、指定されたセル範囲内で文字列や数値を検索し、見つかったときは、見つかったセル（Rangeオブジェクト）を返します。どこが見つかるかは分かりませんから、Findメソッドが返すセル（Rangeオブジェクト）を、オブジェクト変数に入れて操作します。

次のコードは、セル範囲A1:A8の中で"佐々木"を検索し、見つかったセルの右隣のセルに数値の100を代入します。

```
Sub Sample1()
    Dim A As Range
    Set A = Range("A1:A8").Find(What:="佐々木")
    A.Offset(0, 1) = 100
End Sub
```

	A	B	C
1	名前	数値	
2	武田		
3	青木		
4	矢野		
5	石橋		
6	佐々木	100	
7	太田		
8	長谷川		
9			

> **memo**
>
> 「A列全体を検索する」など、検索する範囲に列全体を指定することもあります。そのときは、
>
> Columns(1).Find(What:="佐々木")
> Range("A:A").Find(What:="佐々木")
>
> などの書き方をします。Columnオブジェクトはワークシート上の列を表します。また、セルを指し示すRangeは、一般的にRange("A1")のようにセルのアドレスを指定しますが、Range("A:A")のように指定すると「A列全体のセル」という意味になります。このとき
>
> Range("A")
>
> のようにひとつの列文字だけ指定するとエラーになります。列文字は必ずコロン (:) で結びます。

見つからなかったとき

セルの検索で重要なことは「見つからなかったら」の判定をすることです。必ずしも探しているセルが見つかるとは限りません。Findメソッドは、セルが見つからなかったとき、**Nothing**という特別な値を返します。そこで、検索の結果が「見つからなかったかどうか」は、Findメソッドの戻り値を格納するオブジェクト変数が「Nothingかどうか」で判定します。

オブジェクト変数AがNothingかどうかを判定するときは、

    If A = Nothing Then

としてはいけません。Nothingというのは、普通の文字列や数値とは異なり「オブジェクト変数に何も格納されていない」という**状態**を表します。そのように、オブジェクト変数AがNothingという状態かどうかを判定するときは、次のようにIs演算子を使います。

```
If A Is Nothing Then
```

なお「Nothingではなかったら」を判定するときは

```
If Not A Is Nothing Then
```

と書きます。次のコードは、A列全体の中で"佐々木"を探し、見つかったときは右隣のセルに100を代入します。見つからなかったときは"見つかりません"というメッセージを画面に表示します。

```
Sub Sample2()
    Dim A As Range
    Set A = Range("A:A").Find(What:="佐々木")
    If A Is Nothing Then
        MsgBox "見つかりません"
    Else
        A.Offset(0, 1) = 100
    End If
End Sub
```

6-2 検索結果の操作

見つかったセルを含む行を削除する

	A	B	C
1	名前	数値	
2	武田	100	
3	青木	200	
4	矢野	300	
5	石橋	400	
6	佐々木	500	
7	太田	600	
8	長谷川	700	
9			

上図の表で、A列の中で"佐々木"を探し、見つかったセルを含む行全体を削除します。行全体を削除するときは、

削除する行.Delete

のようにDeleteメソッドを使います。ポイントは「削除する行」をどうやって特定するかです。Findメソッドは、見つかったセル（Rangeオブジェクト）を返します。これは、単一のセルです。この単一のセルを使って、そのセルを含む行全体を表すには、EntireRowを使います。

	A	B	C
1	名前	数値	
2	武田	100	
3	青木	200	
4	矢野	300	
5	石橋	400	
6	佐々木	500	
7	太田	600	
8	長谷川	700	
9			

見つかったセル

見つかったセル.EntireRow

> **memo**
> セルを含む列全体を表すときは、EntireColumn を使います。

次のコードは、A列で"佐々木"を探し、見つかったセルを含む行全体を削除します。

```
Sub Sample3()
    Dim A As Range
    Set A = Range("A:A").Find(What:="佐々木")
    If A Is Nothing Then
        MsgBox "見つかりません"
    Else
        A.EntireRow.Delete
    End If
End Sub
```

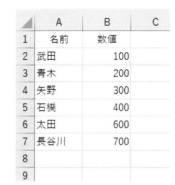

見つかったセルを基点に別のセルを操作する

見つかったセルを基点にして、周囲にある別のセルを操作するときはOffsetを使います。Offsetは次のように書きます。

基点セル.Offset(行, 列)

基点セル.Offset(3, 2)	基点セルから見て3行下で2列右のセル
基点セル.Offset(1, 0)	基点セルから見て1行下のセル
基点セル.Offset(0, 3)	基点セルから見て3列右のセル
基点セル.Offset(0, -3)	基点セルから見て3列左のセル

次のコードは、A列で"石橋"を探し、見つかったセルから見て1列右のセルに1000を代入します。

```
Sub Sample4()
    Dim A As Range
    Set A = Range("A:A").Find(What:="石橋")
    If A Is Nothing Then
        MsgBox "見つかりません"
    Else
        A.Offset(0, 1) = 1000
    End If
End Sub
```

	A	B	C
1	名前	数値	
2	武田	100	
3	青木	200	
4	矢野	300	
5	石橋	1000	
6	太田	600	
7	長谷川	700	

次のコードは、A列で"矢野"を探し、見つかったセルから見て1列右のセルに入力されている数値を10倍します。

```
Sub Sample5()
    Dim A As Range
    Set A = Range("A:A").Find(What:="矢野")
    If A Is Nothing Then
        MsgBox "見つかりません"
    Else
        A.Offset(0, 1) = A.Offset(0, 1) * 10
    End If
End Sub
```

	A	B	C
1	名前	数値	
2	武田	100	
3	青木	200	
4	矢野	3000	
5	石橋	1000	
6	太田	600	
7	長谷川	700	
8			

見つかったセルを含むセル範囲をコピーする

実務では、検索で見つかったひとつのセルだけを操作するとは限りません。ここでは、見つかったセルを含むデータ（行）全体を操作する方法を解説します。例として、A列で"佐々木"を検索し、見つかったセルを含むA列からC列までのデータを、セルE2へコピーする操作で考えてみましょう。

	A	B	C	D	E	F	G
1	名前	記号	数値		名前	記号	数値
2	武田	A	100		佐々木	E	500
3	青木	B	200				
4	矢野	C	300				
5	石橋	D	400				
6	佐々木	E	500				
7	太田	F	600				
8	長谷川	G	700				

セルをコピーするときは、次のように書きます。

コピー元のセル範囲.Copy コピー先のセル

今コピー先のセルはセルE2と分かっています。

コピー元のセル範囲.Copy Range("E2")

コピー元のセル範囲は分かりません。検索の結果によって異なります。今回のコピー元はセル範囲A6:C6(Range("A6:C6"))ですが、検索のFindメソッドによって得られる情報は、見つかった単一のセル（今回はセルA6）です。このセルA6を使って、セル範囲A6:C6を特定します。

●Range(左上セル, 右下セル)で特定する

方法は2つあります。まずは、Rangeを使って「Range(左上セル, 右下セル)」のように指定する方法です。今回コピー元として指定したいのは

```
Range("A6:C6")
```

です。これを「Range(左上セル, 右下セル)」の書き方で表すと

```
Range(Range("A6"), Range("C6"))
```

です。このうち、左側のRange("A6")はFindメソッドが返す、見つかったセルです。

```
Dim A As Range
Set A = Range("A:A").Find(What:="佐々木")
Range(A, Range("C6"))
```

右端のセルC6は、見つかったセルA6から、Endモードで右方向にジャンプして行き当たるであろうセルです。

```
Dim A As Range
Set A = Range("A:A").Find(What:="佐々木")
Range(A, A.End(xlToRight))
```

ここがコピー元になります。

	A	B	C	D
1	名前	記号	数値	
2	武田	A	100	
3	青木	B	200	
4	矢野	C	300	
5	石橋	D	400	
6	佐々木	E		500
7	太田	F	600	
8	長谷川	G	700	

検索で見つかったセル

検索で見つかったセルから
Endモードで右に飛んだセル

Range(A, A.End(xlToRight))

```
Sub Sample6()
    Dim A As Range
    Set A = Range("A:A").Find(What:="佐々木")
    If A Is Nothing Then
        MsgBox "見つかりません"
    Else
        Range(A, A.End(xlToRight)).Copy Range("E2")
    End If
End Sub
```

● Resize で特定する

セルの大きさは、Resizeで指定できます。まず、ひとつのセルは「1行×1列」の大きさだと認識してください。

セル範囲B2:D5は「4行×3列」の大きさです。

Resizeはこのように、任意のセルを「○行×△列」の大きさに広げたセル範囲を返します。

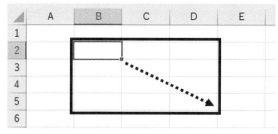

Range("B2").Resize(4, 3)

今回のコピー元はセル範囲A6:C6です。Rangeで表すならRange("A6:C6")です。このうち、左端のRange("A6")は、検索のFindメソッドで分かります。Findメソッドで見つかったセルは単一セルですから「1行×1列」の大きさです。このFilndメソッドで見つかったセルを「1行×3列」の大きさに広げます。これがコピー元です。

```
Dim A As Range
Set A = Range("A:A").Find(What:="佐々木")
A.Resize(1, 3)
```

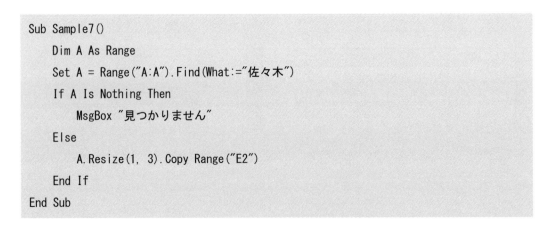

```
Sub Sample7()
    Dim A As Range
    Set A = Range("A:A").Find(What:="佐々木")
    If A Is Nothing Then
        MsgBox "見つかりません"
    Else
        A.Resize(1, 3).Copy Range("E2")
    End If
End Sub
```

ここでは、検索で見つかったセルを含むデータ（行）全体をコピーするときの「Range(左上, 右下)」を使うやり方と「Resize」を使うやり方を解説しました。ほかにも実現する方法はあります。どれが良いとひとつの方法だけを覚えるのではなく、できるだけ多くの方法を思いつくようにしてください。実務は一筋縄ではいきません。

6-3 オートフィルターの操作

オートフィルターで特定のセルを探す

セルの検索と違い、オートフィルターによる絞り込みは、複数のセルを対象にできます。たとえば次の図のように、検索範囲内に"佐々木"が複数存在した場合、これらすべての"佐々木"をセルの検索（Findメソッド）で探し出すのは手間がかかります。

	A	B	C	D
1	名前	地域	記号	数値
2	桜井	神奈川	A	600
3	佐々木	東京	B	500
4	鈴木	神奈川	C	300
5	桜井	東京	A	700
6	佐々木	神奈川	B	900
7	松本	東京	C	400
8	鈴木	東京	A	200
9	桜井	神奈川	B	800
10	佐々木	東京	C	100
11				

こんなときは、A列を"佐々木"で絞り込めばいいのです。

	A	B	C	D
1	名前	地域	記号	数値
3	佐々木	東京	B	500
6	佐々木	神奈川	B	900
10	佐々木	東京	C	100
11				

あるいは、A列が"佐々木"であり、なおかつB列が"東京"である、のような複数の条件で行う検索も、Findメソッドでは荷が重いです。しかし、オートフィルターなら簡単ですね。

	A	B	C	D
1	名前	地域	記号	数値
3	佐々木	東京	B	500
10	佐々木	東京	C	100
11				

オートフィルターもセルの検索と同じように、絞り込んで終わりではありません。絞り込んだ後で何かの処理をします。先を考えてコードを書くようにしましょう。

オートフィルターで絞り込む

表をオートフィルターで絞り込むときは、AutoFilterメソッドを使います。AutoFilterメソッドには次の引数が用意されています。

```
セル.AutoFilter Field, Criteria1, Operator, Criteria2
```

● Field
何列目に条件を指定して絞り込むかの列位置を数値で指定します。この数値はオートフィルターで絞り込む表の中で、左から１・２・３…と数えます。

● Criteria1
絞り込みの条件を文字列（""で囲って）指定します。

● Operator
オートフィルターをどのように使うかなど、絞り込みに関する指示を指定します。ひとつの列に対して２つの条件を指定するときには、「または」を表す「xlOr」や「なおかつ」を表す「xlAnd」などを指定します。

● Criteria2
ひとつの列に２つの条件を指定するとき、２つめの条件を指定します。ひとつの列にひとつの条件しか指定しないときは指定しません。

AutoFilterメソッドを指定するセルは、表全体のアドレスにする必要はありません。手動操作でオートフィルターを使うときは、毎回表全体を選択しないのと同じです。表の中にアクティブセルを置いて実行すればExcelが表全体にオートフィルターをかけてくれます。マクロでも同じ考え方です。表全体を指定するのではなく、表の中のひとつのセルを指定します。特別な理由がなければ表の左上セルを指定するのがいいでしょう。もし表がセルA1から始まっていればRange("A1")です。

次のコードは、セルA1を含む表に対して、１列目を"佐々木"で絞り込みます。

```
Sub Sample8()
    Range("A1").AutoFilter Field:=1, Criteria1:="佐々木"
End Sub
```

	A	B	C	D
1	名前	地域	記号	数値
3	佐々木	東京	B	500
6	佐々木	神奈川	B	900
10	佐々木	東京	C	100
11				

あるいは次のように、引数の名前と「:=」を省略することもできます。

```
Sub Sample8()
    Range("A1").AutoFilter 1, "佐々木"
End Sub
```

AutoFilterメソッドは一般的に、左から順番に引数を指定します。引数を指定する位置と順番が同じですので、そういうときは引数の名前と「:=」を省略できます。また、AutoFilterメソッドは複数の引数を指定することが多いので、引数の名前と「:=」は省略して記述すると可読性が高まります。

ひとつの列に2つの条件を指定するときは、引数「Operator」と引数「Criteria2」を指定します。次のコードは、セルA1を含む表に対して、1列目を"佐々木"または"桜井"で絞り込みます。

```
Sub Sample9()
    Range("A1").AutoFilter 1, "佐々木", xlOr, "桜井"
End Sub
```

	A	B	C	D
1	名前	地域	記号	数値
2	桜井	神奈川	A	600
3	佐々木	東京	B	500
5	桜井	東京	A	700
6	佐々木	神奈川	B	900
9	桜井	神奈川	B	800
10	佐々木	東京	C	100
11				

セルに数値や日付が入力されている場合は「○より大きい」「○以下」などを指定できます。次のコードは、セルA1を含む表に対して、4列目を"300より大きい"なおかつ"700より小さい"で絞り込みます。

```
Sub Sample10()
    Range("A1").AutoFilter 4, ">300", xlAnd, "<700"
End Sub
```

	A	B	C	D
1	名前	地域	記号	数値
2	桜井	神奈川	A	600
3	佐々木	東京	B	500
7	松本	東京	C	400
11				

ひとつの列に3つ以上の条件を指定するときは、引数「Criteria1」に複数の条件を**配列形式**で指定し、引数「Operator」にxlFilterValuesを指定します。次のコードは、セルA1を含む表に対して、1列目を"佐々木"または"桜井"または"松本"で絞り込みます。

```
Sub Sample11()
    Dim A(2) As String
    A(0) = "佐々木"
    A(1) = "桜井"
    A(2) = "松本"
    Range("A1").AutoFilter 1, A, xlFilterValues
End Sub
```

	A	B	C	D
1	名前	地域	記号	数値
2	桜井	神奈川	A	600
3	佐々木	東京	B	500
5	桜井	東京	A	700
6	佐々木	神奈川	B	900
7	松本	東京	C	400
9	桜井	神奈川	B	800
10	佐々木	東京	C	100
11				

絞り込んだ結果をコピーする

オートフィルターで絞り込んだ結果をコピーします。ここでは、アクティブシートの表をオートフィルターで絞り込み、その結果をSheet2のセルA1にコピーするものとします。セルのコピーは次のように書きます。

```
コピー元のセル範囲.Copy コピー先のセル
```

今回のコピー先はSheet2のセルA1です。

```
コピー元のセル範囲.Copy Sheets("Sheet2").Range("A1")
```

コピー元のセル範囲は、オートフィルターで絞り込んだ結果です。これは、やってみるまで分かりません。そこで、コピー元はセルのアドレスで指定するのではなく「セルA1を含む**ひとかたまりのセル範囲**」と考えます。任意のセルを含むひとかたまりのセル範囲は、

```
セル.CurrentRegion
```

で表されます。これがコピー元です。

次のコードは、セルA1を含む表に対して、1列目を"佐々木"で絞り込み、その結果をSheet2のセルA1へコピーします。

```
Sub Sample12()
    Range("A1").AutoFilter 1, "佐々木"
    Range("A1").CurrentRegion.Copy Sheets("Sheet2").Range("A1")
End Sub
```

	A	B	C	D
1	名前	地域	記号	数値
2	佐々木	東京	B	500
3	佐々木	神奈川	B	900
4	佐々木	東京	C	100
5				

上記のコードは「セルA1を含むひとかたまりのセル範囲」をコピーしています。セルA1はタイトル行です。したがって、タイトル行ごとコピーされます。もし、タイトル行を除く実データだけをコピーしたいときは、「セルA1を含むひとかたまりのセル範囲」を1行下に下げます。これにはOffsetを使います。

	A	B	C	D
1	名前	地域	記号	数値
2	佐々木	東京	B	500
3	佐々木	神奈川	B	900
4	佐々木	東京	C	100
5				

Range("A1").CurrentRegion

	A	B	C	D
1	名前	地域	記号	数値
2	佐々木	東京	B	500
3	佐々木	神奈川	B	900
4	佐々木	東京	C	100
5				

Range("A1").CurrentRegion.Offset(1, 0)

次のコードは、セルA1を含む表に対して、1列目を"佐々木"で絞り込み、その結果のうちタイトル行を除く実データだけをSheet2のセルA1へコピーします。

```
Sub Sample13()
    Range("A1").AutoFilter 1, "佐々木"
    Range("A1").CurrentRegion.Offset(1, 0).Copy Sheets("Sheet2").Range("A1")
End Sub
```

	A	B	C	D
1	佐々木	東京	B	500
2	佐々木	神奈川	B	900
3	佐々木	東京	C	100
4				

絞り込んだ結果をカウントする

マクロでは自動的に処理が行われるため、オートフィルターで絞り込んだ結果が何件あるのかを調べることが多いです。表の1列目を"佐々木"で絞り込み、その結果をコピーするようなとき、もし"佐々木"が1件もなかったらコピーする必要はありません。

オートフィルターで絞り込んだ結果が何件あるかは、ワークシート関数を使うと簡単に調べることができます。使うのはSUBTOTAL関数です。SUBTOTAL関数は、次のように2つの引数を指定します。

SUBTOTAL(集計方法, セル範囲)

集計方法に3を指定すると、COUNTA関数と同じように、セル範囲に入力されているデータの個数が分かります。さらにSUBTOTAL関数は「見えているセル」だけ計算の対象にするという特徴があります。オートフィルターで表を絞り込んだとき、条件に一致しなかったデータは、消えてしまったわけではなく、行が非表示になっているだけです。つまり、条件に一致しているデータだけが表示されています。この表示されているデータの件数を、SUBTOTAL関数で調べます。

VBAからワークシート関数を呼び出すには、WorksheetFunctionを使います。WorksheetFunctionに関しては「第5章 ワークシート関数」を参照してください。

次のコードは、セルA1を含む表に対して、1列目を"佐々木"で絞り込み、その結果の件数をSUBTOTAL関数で調べます。

```
Sub Sample14()
    Dim N As Long
    Range("A1").AutoFilter 1, "佐々木"
    N = WorksheetFunction.Subtotal(3, Range("A:A"))
    MsgBox "佐々木は、" & N - 1 & "件あります"
End Sub
```

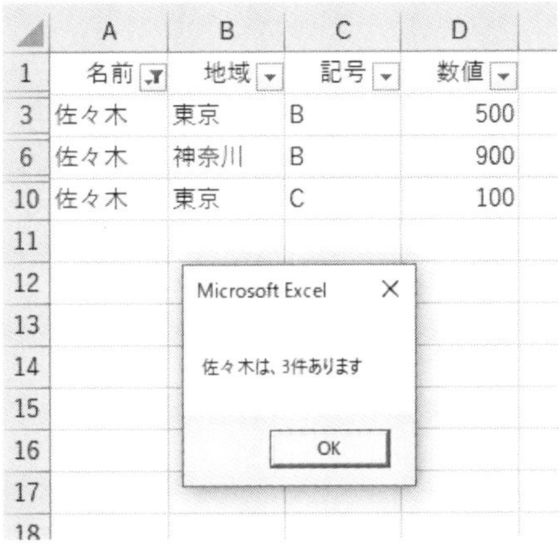

	A	B	C	D
1	名前	地域	記号	数値
3	佐々木	東京	B	500
6	佐々木	神奈川	B	900
10	佐々木	東京	C	100

> Microsoft Excel
> 佐々木は、3件あります
> OK

最後で「N - 1」のようにSUBTOTAL関数の結果から1を引いているのは、計算の対象にしたA列全体(Range("A:A"))には、タイトル行も含まれるからです。純粋な"佐々木"の件数は、SUBTOTAL関数の結果から1を引いて判断します。

絞り込んだ結果の列を編集する

下図のような表で、A列が"佐々木"であるD列にすべて1000と代入してみます。まずはこの操作を手動でやってみましょう。

まずA列を"佐々木"で絞り込みます。

	A	B	C	D
1	名前	地域	記号	数値
3	佐々木	東京	B	500
6	佐々木	神奈川	B	900
10	佐々木	東京	C	100

該当するD列のセルを選択します。このとき選択しているセル範囲には、"佐々木"ではない非表示になっているセルも含まれています。

	A	B	C	D
1	名前	地域	記号	数値
3	佐々木	東京	B	500
6	佐々木	神奈川	B	900
10	佐々木	東京	C	100
11				
12				

アクティブセルに「1000」を代入して、Ctrl + Enter キーを押します。Ctrl + Enter キーは、選択した複数のセルに同じ値を一括代入するときのキー操作です。

	A	B	C	D
1	名前	地域	記号	数値
3	佐々木	東京	B	1000
6	佐々木	神奈川	B	1000
10	佐々木	東京	C	1000
11				
12				

オートフィルターを解除すると、"佐々木"の行にだけ「1000」が代入されています。

	A	B	C	D
1	名前	地域	記号	数値
2	桜井	神奈川	A	600
3	佐々木	東京	B	1000
4	鈴木	神奈川	C	300
5	桜井	東京	A	700
6	佐々木	神奈川	B	1000
7	松本	東京	C	400
8	鈴木	東京	A	200
9	桜井	神奈川	B	800
10	佐々木	東京	C	1000
11				

これをマクロでやるときも同じ発想をします。まずA列を"佐々木"で絞り込みます。絞り込んだ結果のD列に「1000」を代入します。「1000」を代入するセル範囲の中に、オートフィルターによって非表示になったセルが含まれていてもかまいません。手動操作で確認したように、全体に対して操作をすると、Excelが**表示されているセル**だけを処理してくれます。

D列全体のセル範囲を特定するには、次のように考えます。ここは、アドレスを決め打ちするのならRange("D2:D10")です。しかし一般的に、表のデータ件数は分からないことが多いです。このRange("D2:D10")をRange(左上, 右下)で表すと

　　Range(Range("D2"), Range("D10"))

です。このうち左上セルのRange("D2")は固定です。データの先頭であり、ここが非表示になってもかまいません。Range("D10")は、D列の一番下です。D列の最終セルですからEndモードで分かります。Endモードで調べるには、次の2通りの考え方があります。

①セルD2から下に向かってジャンプする
　Range("D2").End(xlDown)

②D列の最下行から上に向かってジャンプする
　Cells(Rows.Count, 4).End(xlUp)

今回は、D列すべてにデータが入力されていますので、どちらでも同じです。特に深い意味はありませんが、ここでは②の書き方をしてみましょう。

Range(Range("D2"), Cells(Rows.Count, 4).End(xlUp))

ここに対して「1000」を代入します。するとExcelは、オートフィルターによって表示されているセルにだけ「1000」を代入してくれます。

```
Sub Sample15()
    Range("A1").AutoFilter 1, "佐々木"
    Range(Range("D2"), Cells(Rows.Count, 4).End(xlUp)) = 1000
    Range("A1").AutoFilter
End Sub
```

	A	B	C	D
1	名前	地域	記号	数値
2	桜井	神奈川	A	600
3	佐々木	東京	B	1000
4	鈴木	神奈川	C	300
5	桜井	東京	A	700
6	佐々木	神奈川	B	1000
7	松本	東京	C	400
8	鈴木	東京	A	200
9	桜井	神奈川	B	800
10	佐々木	東京	C	1000
11				

最後の「Range("A1").AutoFilter」は、オートフィルターを解除するやり方です。引数を何も指定しないでAutoFilterメソッドを実行すると、手動操作で Ctrl + Shift + L キーを押したときと同様に、実行するたびにオートフィルター矢印ボタンの表示と非表示を切り替えます。なお、オートフィルターの絞り込みだけを解除して、フィルターボタンは表示したままにするときは

```
Range("A1").AutoFilter 1
```

のように引数「Field」に列位置を指定します。絞り込みの条件を指定しないで列位置だけを指定すると、その列での絞り込みをクリアします。

7

データの並べ替え

データの並べ替えは手動でよく行う操作です。マクロでも、集約したデータを並べ替える機会は多いです。Excel 2007 から並べ替えの機能が拡張されて難しくなりましたが、ただ並べ替えるだけなら、Excel 2003 以前の方法が簡単です。

7-1 Excel 2007以降の並べ替え
7-2 Excel 2003までの並べ替え

7-1 Excel 2007以降の並べ替え

難しくなった並べ替え

	A	B	C	D
1	日付	名前	記号	数値
2	2019/4/3	菅野	H	500
3	2019/4/5	内藤	E	300
4	2019/4/6	新垣	G	100
5	2019/4/2	菅野	C	800
6	2019/4/1	新垣	B	600
7	2019/4/8	指原	D	700
8	2019/4/4	内藤	A	400
9	2019/4/7	指原	F	200

上図の表を「D列の昇順」で並べ替える操作をマクロ記録すると、次のようなコードが記録されます。

```
Sub Macro1()
    ActiveWorkbook.Worksheets("Sheet1").Sort.SortFields.Clear
    ActiveWorkbook.Worksheets("Sheet1").Sort.SortFields.Add2 Key:=Range("D2"), _
        SortOn:=xlSortOnValues, Order:=xlAscending, DataOption:=xlSortNormal
    With ActiveWorkbook.Worksheets("Sheet1").Sort
        .SetRange Range("A2:D9")
        .Header = xlNo
        .MatchCase = False
        .Orientation = xlTopToBottom
        .SortMethod = xlPinYin
        .Apply
    End With
End Sub
```

Excelでは一般的なセルの並べ替えですが、マクロではこれほどのコードが必要になります。
Excelは、Excel 2007で並べ替え機能が拡張されました。

① 一度の並べ替えに指定できるキーが3個から64個に増えた
② 色やアイコンでの並べ替えが可能になった

キーとは、要するに列のことです。先ほどの操作なら「D列の昇順」ですから、キーはD列になります。なぜ"列"ではなく"キー"と呼ぶのかというと、実はExcelの並べ替え機能では、一般的な行方向の並べ替えだけでなく、列方向の並べ替えもできるからです。一般的な行方向の並べ替えでしたら、基準となるのは"列"です。しかし列方向で並べ替えを行うときは、基準は"行"になります。したがって並べ替えでは、基準となる列や行のことを"キー"と呼びます。Excel 2003までは、一度の並べ替えで指定できるキーが3つまででしたが、Excel 2007で64個に増えました。

セルを並べ替えるとき、一般的にはセル内の数値や文字列を比較します。しかし、Excel 2007からは、セル内の数値や文字列だけでなく、セルに塗りつぶされた色や文字の色、セルに設定した条件付き書式のアイコンによって並べ替えることも可能になりました。

このような拡張のため、Excel 2007では並べ替えの機能を新しく作り直しました。そこで実装されたのが**Sortオブジェクト**と**SortFieldオブジェクト**です。簡単に言えば、Sortオブジェクトは「並べ替えの挙動」に関する設定で、SortFieldオブジェクトは「並べ替えの条件」に関する設定です。ただ、何をもって"挙動"や"条件"とするかは、Excelの内部事情によりますので、あまりこだわらない方がいいでしょう。ここでは、新しくなった並べ替え機能に関して解説します。

並べ替えの条件を指定する

マクロ記録された並べ替えのコードは、大きく2つの処理に分類できます。

```
Sub Macro1()
    ActiveWorkbook.Worksheets("Sheet1").Sort.SortFields.Clear
    ActiveWorkbook.Worksheets("Sheet1").Sort.SortFields.Add2 Key:=Range("D2"), _
        SortOn:=xlSortOnValues, Order:=xlAscending, DataOption:=xlSortNormal
    With ActiveWorkbook.Worksheets("Sheet1").Sort
        .SetRange Range("A2:D9")
        .Header = xlNo
        .MatchCase = False
        .Orientation = xlTopToBottom
        .SortMethod = xlPinYin
        .Apply
    End With
End Sub
```

（上部枠内）並べ替え条件の指定
（下部）並べ替えの挙動の指定と実行

まずは前半部分「並べ替え条件の指定」から解説します。ここで使うのはSortFieldオブジェクトです。SortFieldオブジェクトの集合体がSortFieldsコレクションです。指定するときは「Sort.SortFields」と記述します。

```
ActiveWorkbook.Worksheets("Sheet1").Sort.SortFields.Clear
ActiveWorkbook.Worksheets("Sheet1").Sort.SortFields.Add2 Key:=Range("D2"), _
    SortOn:=xlSortOnValues, Order:=xlAscending, DataOption:=xlSortNormal
```

コードを読みやすくするために、少し修正します。もし並べ替えの対象がアクティブブックでしたら「ActiveWorkbook.」は不要です。ここではアクティブブックを並べ替えるケースで解説しますので、これは不要です。

```
Worksheets("Sheet1").Sort.SortFields.Clear
Worksheets("Sheet1").Sort.SortFields.Add2 Key:=Range("D2"), _
    SortOn:=xlSortOnValues, Order:=xlAscending, DataOption:=xlSortNormal
```

ブックにグラフシートが存在しないのでしたら「Worksheets("Sheet1")」と「Sheets("Sheet1")」を区別する必要はありません。記述の短いSheetsに直します。

```
Sheets("Sheet1").Sort.SortFields.Clear
Sheets("Sheet1").Sort.SortFields.Add2 Key:=Range("D2"), _
    SortOn:=xlSortOnValues, Order:=xlAscending, DataOption:=xlSortNormal
```

2行目のAdd2メソッドは複数の引数を指定しているので長いです。行継続文字で1行が分割して記述されています。これも、見やすく編集します。

```
Sheets("Sheet1").Sort.SortFields.Clear
Sheets("Sheet1").Sort.SortFields.Add2 _
    Key:=Range("D2"), _
    SortOn:=xlSortOnValues, _
    Order:=xlAscending, _
    DataOption:=xlSortNormal
```

SortFieldsコレクションは、並べ替えの条件の集合体です。

ここに新しい条件を追加するのですが、ただ追加するだけだと、既存の条件に追加されてしまいます。条件は64個指定でき、前回指定した条件も消えずに残っています。そこで、追加する前に（安全のため）既存の条件をクリアします。それが1行目の

```
Sheets("Sheet1").Sort.SortFields.Clear
```

です。

2行目が新しい条件の追加です。条件を追加するときは、Add2メソッドを使います。Add2メソッドにはいくつかの引数があり、ここでは次のように指定しています。

```
Key:=Range("D2"), _
SortOn:=xlSortOnValues, _
Order:=xlAscending, _
DataOption:=xlSortNormal
```

引数Keyには、どの列を基準に並べ替えるかを指定します。前述のように、ここは"行"を指定する場合もあります。そこで、"列"を指定する場合であっても、D列の"D"や4列目の"4"のようには指定できません。ここは必ずセル（Rangeオブジェクト）を指定します。Range("D2")と指定したことで"D列"が基準になります。

> **memo**
> もし"D列"を基準にするのなら、Rangeに指定する引数は「D列のセル」だったらどこでもいいです。

引数SortOnには、並べ替えのタイプを指定します。

【引数SortOnに指定できる定数】

定数	数値	意味	既定値
xlSortOnValues	0	セル内のデータで並べ替える	○
xlSortOnCellColor	1	セルの背景色で並べ替える	
xlSortOnFontColor	2	セルの文字色で並べ替える	
xlSortOnIcon	3	条件付き書式のアイコンで並べ替える	

今回はセルに入力されている数値で並べ替えましたので、定数xlSortOnValuesが指定されています。なお、この引数SortOnの指定を省略すると、定数xlSortOnValuesが指定されたものとみなされます。

引数Orderには、昇順で並べ替えるか降順で並べ替えるかを指定します。

【引数Orderに指定できる定数】

定数	数値	意味	既定値
xlAscending	1	昇順	○
xlDescending	2	降順	

引数Orderの指定を省略すると、定数xlAscendingが指定されたものとみなされます。

最後の引数DataOptionには、「もし並べ替えをする列の中に、純粋な数値と、文字列形式の数値が混在していたら、どのように並べ替えるか」を指定します。

【引数DataOptionに指定できる定数】

定数	数値	意味	既定値
xlSortNormal	0	数値と文字列を別々に並べ替える	○
xlSortTextAsNumbers	1	文字列を数値とみなして並べ替える	

xlSortNormal

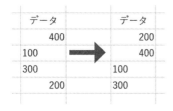

xlSortTextAsNumbers

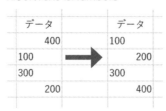

もし、セルの背景色や条件付き書式のアイコンなどではなく、セル内のデータを基準に並べ替えるのなら、引数SortOnは省略できます。また、データを昇順で並べ替えるのなら、引数Orderも省略可能です。さらに、データ内に数値と文字列は混在していない、というのなら、引数DataOptionも省略できます。必ず指定しなければならないのは、引数Keyだけです。したがって、最もシンプルな記述は、次のようになります。

```
With Sheets("Sheet1").Sort
    .SortFields.Clear
    .SortFields.Add2 Key:=Range("D2")
End With
```

並べ替えの挙動を指定して実行する

後半部分では、並べ替えの挙動に関する指定と、並べ替えの実行を行います。

```
With Sheets("Sheet1").Sort
    .SetRange Range("A2:D9") ―――①
    .Header = xlNo ―――②
    .MatchCase = False ―――③
    .Orientation = xlTopToBottom ―――④
    .SortMethod = xlPinYin ―――⑤
    .Apply ―――⑥
End With
```

ここでは、Sheet1のSortオブジェクトに対して次のことを行っています。

① SetRangeメソッドで、並べ替えの範囲にRange("A2:D9")を指定
② Headerプロパティに、Range("A2:D9")の先頭行はタイトル行ではないと設定
③ MatchCaseプロパティに、大文字と小文字を区別しないと設定
④ Orientationプロパティに、行方向に並べ替えると設定
⑤ SortMethodプロパティに、日本語を、ふりがなを使って並べ替えると設定
⑥ Applyメソッドで並べ替えを実行

Headerプロパティには、次の定数を指定できます。

【Headerプロパティに指定できる定数】

定数	数値	意味	既定値
xlGuess	0	Excelが自動判定する	○
xlYes	1	1行目はタイトル行	
xlNo	2	1行目はタイトル行ではない	

MatchCaseプロパティには、大文字と小文字を区別するかどうかを、TrueまたはFalseで指定します。

Orientationプロパティ、SortMethodプロパティには、次の定数を指定できます。

【Orientationプロパティに指定できる定数】

定数	数値	意味	既定値
xlTopToBottom	1	上下に並べ替える	○
xlLeftToRight	2	左右に並べ替える	

【SortMethodプロパティに指定できる定数】

定数	数値	意味	既定値
xlPinYin	1	日本語をふりがなで並べ替える	○
xlStroke	2	日本語を文字コードで並べ替える	

最後のApplyメソッドは、並べ替えの実行です。

「Header」「Orientation」「SortMethod」はSortオブジェクトのプロパティです。プロパティは値を保持しますから、設定を省略すると、前回の指定が有効になります。誤動作を避けるためにも、必要なプロパティの設定は省略しない方がいいでしょう。

セル範囲A1:D9で、D列に入力されている数値の昇順に表を並べ替えるのなら、たとえば次のようになります。

```
With Sheets("Sheet1").Sort
    .SortFields.Clear
    .SortFields.Add2 Key:=Range("D2")
    .SetRange Range("A2:D9")
    .Header = xlNo
    .Orientation = xlTopToBottom
    .Apply
End With
```

7-2 Excel 2003までの並べ替え

Excel 2007では、次の機能が拡張されたために、並べ替えの仕組みが難しくなりました。

① 一度の並べ替えに指定できるキーが3個から64個に増えた
② 色やアイコンでの並べ替えが可能になった

しかし、一般的な実務では、一度の並べ替えで4個以上のキーを同時に指定することは少ないです。また、セルの色やアイコンで並べ替えることも、毎回やる作業ではありません。もし、これら拡張された機能を使うのでしたら、新しくなったSortオブジェクトやSortFieldオブジェクトを使わなければなりません。しかし、セルに入力されている数値や文字列を、1列だけ指定して並べ替えるのでしたら、Excel 2003までのやり方を使った方が簡単です。ここでは、Excel 2003までで使われていた並べ替えの方法を解説します。

セルのSortメソッド

Excel 2003まではSortオブジェクトがありませんでした。セルを並べ替えるときは、セル範囲（Rangeオブジェクト）のSortメソッドを使います。Sortメソッドにはたくさんの引数がありますが、最低限指定しなければならない引数は、次の3つです。

並べ替えるセル範囲.Sort Key1, Order1, Header

引数Key1には、どの列を基準に並べ替えるかを指定します。Excel 2007以降、新しくなった並べ替えのAdd2メソッドに指定した引数Keyと同じです。引数Order1もAdd2メソッドの引数Orderと同じように、昇順で並べ替えるか降順で並べ替えるかを定数で指定します。指定する定数も同じです。引数Headerも同様です。

> **memo**
> 引数Order1を省略すると昇順の「xlAscending」が指定されたとみなされます。引数Headerを省略すると、前回並べ替えを実行したとき、先頭行をタイトル行とみなしたかどうかの設定が採用されます。前回の並べ替えとは、手動操作による実行も含みます。つまり、引数Headerを省略すると、マクロを実行する前に手動操作でどんな並べ替えをしたのかによって、マクロの動作が異なる可能性があります。予期しない結果にならないためにも、引数Headerは毎回指定する方がいいでしょう。

次のコードは、セルA1を含む表全体を、D列に入力されている数値の昇順に並べ替えます。

```
Sub Sample1()
    Range("A1").Sort Key1:=Range("D1"), Order1:=xlAscending, Header:=xlYes
End Sub
```

漢字を並べ替えるときの注意

Excelはセルに入力されている漢字を基準に並べ替えるとき、漢字そのものではなく、セルに設定されている漢字のふりがなで並べ替えます。

> **memo**
> SortオブジェクトのSortMethodプロパティや、Sortメソッドの引数SortMethodを設定すると、ふりがなを使わずに漢字の文字コード順に並べ替えることもできます。

漢字のふりがなには、セルに漢字を入力するとき、日本語変換前に入力した読みが登録されます。

下図で、セルA2には「あらがき」→「新垣」と変換して入力します。一方セルA3には「にいがき」→「新垣」と変換して入力します。この表を昇順で並べ替えてみます。

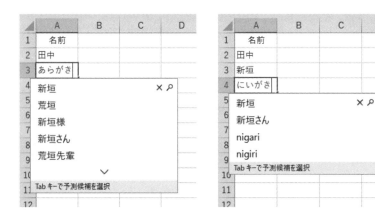

結果は次のようになります。

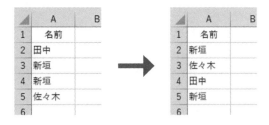

もちろん、手動操作で並べ替えても同じ結果になります。セルに設定されているふりがなを表示するには、ふりがなを表示したいセル範囲を選択して［ふりがなの表示/非表示］ボタンをクリックします。

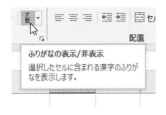

● **ふりがなが設定されないケース**

セルに漢字が入力されていても、そのセルにふりがなが設定されていない場合もあります。漢字を「日本語変換しないで」入力したときです。たとえば、次のようなケースでは、セルにふりがなが設定されません。

① 他のアプリケーションなどからコピーしたとき
② マクロ（VBA）でセルに漢字を代入したとき
③ CSVファイルを読み込んだとき

すべての漢字にふりがなが設定されていなければ、それらの漢字は文字コード順に並べられます。しかし、ふりがなが設定されている漢字と、設定されていない漢字が混在した場合には注意が必要です。

	A	B	C
1	名前	数値	
2	田中	1	
3	佐々木	2	
4	新垣	3	
5	新垣	4	
6	新垣	5	
7	野口	6	
8	渡辺	7	
9			

上図の表で、セルA4の「新垣」は「あらがき」から変換しました。セルA5は「にいがき」で変換しました。そして、セルA6には別のアプリケーションから「新垣」をコピーしました。

セル	漢字	ふりがな
A4	新垣	あらがき
A5	新垣	にいがき
A6	新垣	（なし）

このデータを昇順に並べ替えると、次のようになります。

漢字にふりがなが設定されていないとき、その漢字は文字コード順に並べられますが、それらは、ふりがなによる並べ替えの後ろに並びます。

ふりがなの操作

VBAには、ふりがなを扱う仕組みも用意されています。セルに設定される"ふりがな"には、そこに設定されている読みだけでなく、そのふりがなをセル内のどの位置に表示するか、ひらがなで表示するかカタカナで表示するかなどの設定項目があります。"ふりがな"の設定画面は、[ふりがなの表示/非表示] ボタンの▼をクリックして [ふりがなの設定] を実行します。

それら、セルの"ふりがな"は、Phoneticオブジェクトで表されます。"ふりがな"に設定されている読みは、PhoneticオブジェクトのTextプロパティで取得できます。次のコードは、セルA2のふりがなを表示します。

```
Sub Sample3()
    MsgBox Range("A2").Phonetic.Text
End Sub
```

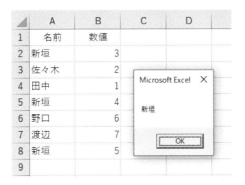

セルにふりがなが設定されていないとき、Phonetic.Textはセルに入力されている漢字をそのまま返します。

```
Sub Sample4()
    MsgBox Range("A8").Phonetic.Text
End Sub
```

セルに入力されている漢字と、その漢字のふりがなが同じということはありませんから、Phonetic.Textの結果がセル内の漢字と同じだったら、そのセルにふりがなは設定されていないと分かります。

> **memo**
>
> PhoneticオブジェクトのTextに代入することで、任意のふりがなを設定することもできますが、
>
> Range("A2").Phonetic.Text = ""
>
> のように、ふりがなを消去することはできません。

8

テーブルの操作

クラウドの普及とともに、テーブルを扱う機会が増えました。テーブルは 1 行おきに色を塗る機能ではありません。テーブルにすると、そこはワークシートではなくなります。Excel が特別に管理しているデータベース領域になります。ここでは、VBA でテーブルを扱う方法を解説します。

8-1 テーブルを特定する
8-2 テーブルの部位を特定する
8-3 構造化参照を使って特定する
8-4 特定のデータを操作する
8-5 行を削除する
8-6 列を挿入する

8-1 テーブルを特定する

テーブルは**ListObjectオブジェクト**で表されます。操作の対象としてテーブルを特定するには、次の方法があります。

　① テーブル内のセルから特定する
　② テーブルが存在するシートから特定する
　③ Rangeとテーブルの名前で特定する

テーブルのセルから特定する

テーブル内のセルから特定するときは、次のように書きます。

```
テーブル内のセル.ListObject
```

テーブル内のセルは、どこでもかまいません。一般的にはテーブルの左上セルを指定します。もしテーブルの左上がセルA1だったら

```
Range("A1").ListObject
```

とします。

基幹システムやサーバーからExcelデータとしてエクスポートするとき、そのデータはテーブル形式で提供されます。そのとき、テーブルの左上はセルA1になります。あるいは、ExcelでCSVを開き、それをテーブルに変換した場合も、左上がセルA1になります。このように、テーブルがセルA1から始まっていると分かっているような場合は、この書き方が簡単です。

Range("A1")

	A	B	C	D
1	日付	名前	記号	数値
2	2019/4/1	松本	A	200
3	2019/4/2	田中	B	300
4	2019/4/3	佐々木	C	600
5	2019/4/1	田中	D	100
6	2019/4/2	西野	A	900
7	2019/4/3	松本	B	700
8	2019/4/1	田中	C	800
9	2019/4/2	西野	D	400
10	2019/4/3	佐々木	A	500

Range("A1").ListObject

テーブルが存在するシートから特定する

シートには、複数のテーブルを作成することができます。シートからテーブルを特定する場合は、次のように指定します。

```
対象のシート.ListObjects(インデックス)
対象のシート.ListObjects(テーブル名)
```

対象のシートがSheet1だったとします。

```
Sheets("Sheet1").ListObjects(インデックス)
Sheets("Sheet1").ListObjects(テーブル名)
```

このSheet1に2つのテーブルがあったとします。最初に作ったテーブルの名前が「テーブル1」で、2つめに作ったテーブルの名前が「テーブル2」だったとき、次のように特定できます。

```
Sheets("Sheet1").ListObjects(1)  ← 1つめに作ったテーブル
Sheets("Sheet1").ListObjects(2)  ← 2つめに作ったテーブル
```

または

```
Sheets("Sheet1").ListObjects("テーブル1")
Sheets("Sheet1").ListObjects("テーブル2")
```

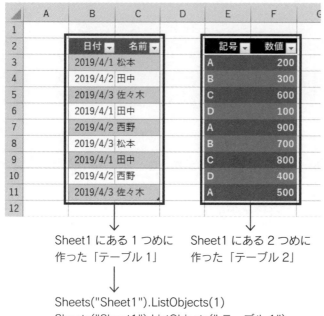

Sheets("Sheet1").ListObjects(1)
Sheets("Sheet1").ListObjects("テーブル1")

> **重要**
> セルからテーブルを特定するときは「セル.ListObject」とします。一方、シートからテーブルを特定するときは「シート.ListObject**s**()」と"s"が付きます。セルはひとつのテーブルにしか属せません。セルが属しているテーブルは必ずひとつです。そこで「このセルの**テーブル**」と表します。対して、シートには複数のテーブルが存在できます。そこで「シートにあるテーブル**たち**の中で何番目（何という名前）」とコレクションを使います。

テーブルのインデックスは、テーブルを作成した順番で振られます。テーブルを通常のセル範囲に戻すと、インデックスは繰り上がります。

　　1つめに作ったテーブル　→「テーブル1」　→ ListObjects(1)
　　2つめに作ったテーブル　→「テーブル2」　→ ListObjects(2)
　　3つめに作ったテーブル　→「テーブル3」　→ ListObjects(3)

ここで2番目に作った「テーブル2」を普通の範囲に変換して、テーブルではなくすと、番号は次のように繰り上がります。

　　1つめに作ったテーブル　→「テーブル1」　→ ListObjects(1)
　　3つめに作ったテーブル　→「テーブル3」　→ ListObjects(**2**)

Rangeとテーブルの名前で特定する

テーブルには必ず、固有の重複しない名前が付けられます。この名前とRangeを使って、次のようにテーブルを特定できます。

Range("テーブル1")

テーブルに設定される名前は、Excelの[名前機能]にも定義されます。

このとき、テーブルの名前はブックレベルとして定義されますので、アクティブシートがどこかに関係なく、別シートのテーブルをRange("テーブル1")だけで特定できます。

このように、テーブルを特定する方法は3通りありますが「どれが良い」ということはありません。

テーブルがセルA1から始まっていると分かっているのなら、Range("A1").ListObjectの書き方が便利です。もちろん、Sheets("Sheet2").Range("A1").ListObjectのように、アクティブシートではないシートのテーブルも特定できます。

シート上に複数のテーブルがあり、それらを個別に操作したいときは、シートのListObjectsコレクションを使うのが便利です。そのとき、テーブルを作った順番が確実ではないなら、Sheets("Sheet1").ListObjects("テーブル1")のように名前で指定するといいでしょう。

Range("テーブル1")の書き方は、記述は短いですが、この後テーブル内の部位（特定の列やデータ全体など）を扱うときに、できないこともあります。ケースに応じて使い分けてください。

なお、本書では

　① テーブル内のセルから特定する
　③ Rangeとテーブルの名前で特定する

の使い方を解説します。

8-2 テーブルの部位を特定する

テーブル内はいくつかの部位に分かれています。それぞれの部位を指定する方法を、

- テーブル内のセルから特定する
- Rangeとテーブルの名前で特定する

で解説します。

見出し（タイトル）行を含むテーブル全体

見出し行を含むテーブル全体は、ListObject.**Range**で表されます。

	A	B	C	D
1	日付	名前	記号	数値
2	2019/4/1	松本	A	200
3	2019/4/2	田中	B	300
4	2019/4/3	佐々木	C	600
5	2019/4/1	田中	D	100
6	2019/4/2	西野	A	900
7	2019/4/3	松本	B	700
8	2019/4/1	田中	C	800
9	2019/4/2	西野	D	400
10	2019/4/3	佐々木	A	500

Range("A1").ListObject.Range

> **重要** ここで使用した **Range** は、シート上のセルを指し示すときに使う「Range("A1")」などの Range とは意味が異なります。ListObject.Range の Range は、テーブル内の「すべてのセル」を表していて、ListObject.Range(3) のように「すべてのセル内で何番目のセル」のように特定できます。
>
>
>
> Range("A1").ListObject.Range(3)　　Range("A1").ListObject.Range(6)
>
> ListObject.Range("B3") のような使い方はできません。

見出し（タイトル）行を含まないテーブルのデータ全体

見出し行を含まない実データだけは、ListObject.**DataBodyRange** で表されます。

Range("A1").ListObject.DataBodyRange

この DataBodyRange も、先の Range と同じように実データ内の「すべてのセル」を表しています。Range と同じように「実データ内で何番目のセル」を特定できます。

Range("A1").ListObject.DataBodyRange(6)

見出し（タイトル）行

見出し行は、ListObject.**HeaderRowRange**で表されます。

Range("A1").ListObject.HeaderRowRange

列

テーブル内の列は、ListObject,**ListColumn**で表されます。

それぞれが
Range("A1").ListObject.ListColumn

ListColumnの集合体がListColumnsコレクションです。

全体が
Range("A1").ListObject.ListColumn**s**

特定の列を表すときは、ListColumns(2)のように位置で指定するか、ListColumns("名前")のように見出し名で指定します。

ListColumns(2)やListColumns("名前")によって特定できるのは「列全体」です。列全体の中で「見出し行を含むセル全体」を表すときは

136

```
ListColumns(2).Range
ListColumns("名前").Range
```

とRangeを付けます。

列全体の中で「見出し行を含まない実データ」を表すときは、

```
ListColumns(2).DataBodyRange
ListColumns("名前").DataBodyRange
```

とDataBodyRangeを付けます。

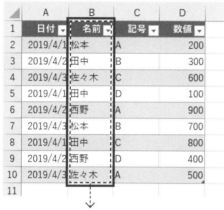

Range("A1").ListObject.ListColumns(2).Range

Range("A1").ListObject.ListColumns(2).DataBodyRange

行

テーブル内の行は、ListObject.**ListRow**で表されます。

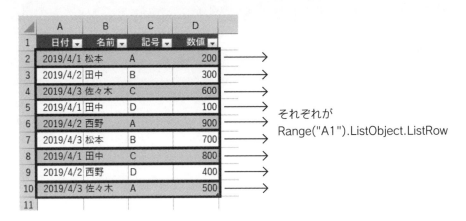

ListRowの集合体がListRowsコレクションです。

ListRowsコレクションには、見出し（タイトル）行が含まれていない点に留意してください。

行内の、任意のセルを指定するときは、列と同じように「何番目の行」と指定します。

```
ListRows(3)
```

Range("A1").ListObject.ListRows(3)

ListRowオブジェクトは"行全体"を表します。"行全体のセル"ではありません。したがって、行内のセルを特定するには、ListRowオブジェクトにRangeを付けます。

```
ListRows(3).Range
```

Range("A1").ListObject.ListRows(3).Range

8-3 構造化参照を使って特定する

Rangeとテーブルの名前でテーブルを特定したときは、**構造化参照**を使ってテーブル内の部位を指定します。

構造化参照とは、次のような使い方です。

	A	B	C	D	E	F	
1	日付	名前	記号	数値			
2	2019/4/1	松本	A	200		松本	← =テーブル1[@名前]
3	2019/4/2	田中	B	300			
4	2019/4/3	佐々木	C	600			
5	2019/4/1	田中	D	100		4500	← =SUM(テーブル1[数値])
6	2019/4/2	西野	A	900			
7	2019/4/3	松本	B	700			
8	2019/4/1	田中	C	800		10	← =COUNTA(テーブル1[[#すべて],[記号]])
9	2019/4/2	西野	D	400			
10	2019/4/3	佐々木	A	500			
11							

テーブルは、Excelが特別に管理しているデータベース領域です。テーブルの中は、従来のB3やC5といった"セルのアドレス"ではなく、データベース的に扱います。ワークシート上でテーブル内のセルを参照するときは、

> テーブル名[[特殊項目指定子],[列指定子]]

のように指定します。こうした参照のしかたを**構造化参照**と呼びます。

> **memo**
>
> シート上で、セルに「=テーブル1[」まで入力すると、そのテーブルで使用できる特殊項目指定子と列指定子がリストで表示されます。
>
>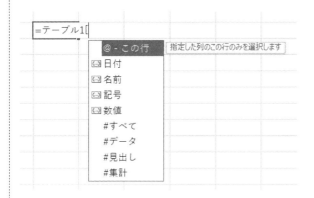
>
> VBAで、テーブルをRangeとテーブル名で特定したときは、テーブル内の部位を構造化参照で指定します。@も特殊項目指定子のひとつで、セルの中で使うと「このセルと同じ行の」という意味になります。この@はVBAでは使えません。

また、セルの中では"テーブル1[#すべて]"や"テーブル1[#データ]"のように日本語の特殊項目指定子を使用できますが、VBAで使うときは次のように英語で記述しなければなりません。

```
[#すべて]  →  [#All]
[#データ]  →  [#Data]
[#見出し]  →  [#Headers]
[#集計]    →  [#Totals]
```

見出し（タイトル）行を含むテーブル全体

見出し（タイトル）行を含むテーブル全体は次のように表します。

```
Range("テーブル1[#All]")
```

見出し（タイトル）行を含まないテーブルのデータ全体

見出し行を含まない実データだけを表すには、次のようにします。

　Range("テーブル1")
または
　Range("テーブル1[#Data]")

イメージとしては、

　[#All]　→　Range
　[#Data]　→　DataBodyRange

のような感じです。[#All]は見出し行を含み、[#Data]は見出し行を含みません。

列

構造化参照でテーブル内の列を特定するときは、次のようにします。

　Range("テーブル1[名前]")

上記のように、特殊項目指定子を省略して、列指定子だけを記述すると、[#Data]を指定したものとみなされます。

	A	B	C	D
1	日付	名前	記号	数値
2	2019/4/1	松本	A	200
3	2019/4/2	田中	B	300
4	2019/4/3	佐々木	C	600
5	2019/4/1	田中	D	100
6	2019/4/2	西野	A	900
7	2019/4/3	松本	B	700
8	2019/4/1	田中	C	800
9	2019/4/2	西野	D	400
10	2019/4/3	佐々木	A	500

　　　　Range("テーブル1[名前]")
　　　　　　または
Range("テーブル1[[#Data],[名前]]")

次のように、[#All]を指定すると、見出し行を含みます。

Range("テーブル1[[#All],[名前]]")

	A	B	C	D
1	日付	名前	記号	数値
2	2019/4/1	松本	A	200
3	2019/4/2	田中	B	300
4	2019/4/3	佐々木	C	600
5	2019/4/1	田中	D	100
6	2019/4/2	西野	A	900
7	2019/4/3	松本	B	700
8	2019/4/1	田中	C	800
9	2019/4/2	西野	D	400
10	2019/4/3	佐々木	A	500
11				

Range("テーブル1[[#All],[名前]]")

行

構造化参照を使って、テーブル内の行を指定することはできません。テーブル内の行を操作したいときは、Range("テーブル1")方式の構造化参照ではなく、ListObjectオブジェクトを使います。

8-4 特定のデータを操作する

テーブル内のデータを探す

テーブル内で特定のデータだけを別のシートへコピーします。テーブル内で特定のデータを探すには、セルをひとつずつ調べるのではなく**オートフィルター**で絞り込みます。ここでは、2列目[名前]が"田中"であるデータだけに絞り込んでみましょう。なお、オートフィルターに関しては「第6章 セルの検索とオートフィルターの操作」を参照してください。

テーブルをオートフィルターで絞り込むには、次のようにします。

　　Range("A1").ListObject.Range.AutoFilter 2, "田中"

または

　　Range("A1").ListObject.DataBodyRange.AutoFilter 2, "田中"

	A	B	C	D
1	日付	名前	記号	数値
3	2019/4/2	田中	B	300
5	2019/4/1	田中	D	100
8	2019/4/1	田中	C	800
11				

ListObjectのRangeは見出し行を含み、DataBodyRangeは見出し行を含みません。テーブルにオートフィルターを設定するときは、どちらかを指定します。結果はどちらも同じです。絞り込んだ後の操作に合わせて、読みやすい記述を選択してください。

見出し行ごとコピーする

絞り込んだ結果を別シートへコピーします。ここでは、Sheet2のセルA1へコピーするものとします。

ListObjectのRangeは見出し行を含みます。見出し行ごとコピーするときは、このRangeをコピーします。

Range("A1").ListObject.Range

```
Sub Sample1()
    Range("A1").ListObject.Range.AutoFilter 2, "田中"
    Range("A1").ListObject.Range.Copy Sheets("Sheet2").Range("A1")
End Sub
```

	A	B	C	D
1	日付	名前	記号	数値
2	2019/4/2	田中	B	300
3	2019/4/1	田中	D	100
4	2019/4/1	田中	C	800
5				

> **memo**
>
> 上記のコードでは、2行とも
>
> Range("A1").ListObject.Range
>
> を記述しています。このままでも動作に影響はありませんが、こういうときはWithステートメントを使うと可読性やメンテナンス性が高まります。
>
> ```
> Range("A1").ListObject.Range.AutoFilter 2, "田中"
> Range("A1").ListObject.Range.Copy Sheets("Sheet2").Range("A1")
> ```
>
> 同じ記述はWithステートメントで省略できる
>
> ```
> With Range("A1").ListObject.Range
>     .AutoFilter 2, "田中"
>     .Copy Sheets("Sheet2").Range("A1")
> End With
> ```

```
Sub Sample1()
    With Range("A1").ListObject.Range
        .AutoFilter 2, "田中"
        .Copy Sheets("Sheet2").Range("A1")
    End With
End Sub
```

見出し行を含まないデータだけをコピーする

ListObjectのDataBodyRangeは見出し行を含みません。見出し行を除いてデータだけコピーするときは、このDataBodyRangeをコピーします。

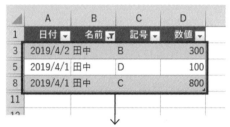

Range("A1").ListObject.DataBodyRange

```
Sub Sample2()
    With Range("A1").ListObject.DataBodyRange
        .AutoFilter 2, "田中"
        .Copy Sheets("Sheet2").Range("A1")
    End With
End Sub
```

	A	B	C	D
1	2019/4/2	田中	B	300
2	2019/4/1	田中	D	100
3	2019/4/1	田中	C	800
4				
5				

本稿執筆現在（2019年1月）、上記のようにオートフィルターで絞り込んだ結果のRangeをコピーするとき、アクティブセルがテーブルの外にあると、絞り込んだ結果だけでなく、非表示の行も含めてテーブル全体がコピーされてしまうという不具合があります。

Rangeと構造化参照を使ってコピーする

Rangeと構造化参照を使ってコピーするには、次のようにします。

● 見出し行ごとコピーする

```
Sub Sample3()
    Range("テーブル1").AutoFilter 2, "田中"
    Range("テーブル1[#All]").Copy Sheets("Sheet2").Range("A1")
End Sub
```

● 見出し行を含まないデータだけをコピーする

```
Sub Sample4()
    Range("テーブル1").AutoFilter 2, "田中"
    Range("テーブル1[#Data]").Copy Sheets("Sheet2").Range("A1")
End Sub
```

特定の列だけコピーする

オートフィルターで絞り込んだ結果全体ではなく、特定の列だけを操作するにはListColumnを使います。ここでは、2列目[名前]を"田中"で絞り込んだ結果のうち、1列目[日付]と4列目[金額]だけをSheet2へコピーします。

```
Sub Sample5()
    With Range("A1").ListObject
        .Range.AutoFilter 2, "田中"
        .ListColumns(1).Range.Copy Sheets("Sheet2").Range("A1")
        .ListColumns(4).Range.Copy Sheets("Sheet2").Range("B1")
    End With
```

次ページへ続く

End Sub

	A	B	C
1	日付	数値	
2	2019/4/2	300	
3	2019/4/1	100	
4	2019/4/1	800	
5			

特定の列だけ書式を設定する

列のコピーと同じ方法で、特定の列だけ書式を設定することも可能です。ここでは、2列目[名前]を"田中"で絞り込んだ結果のうち、3列目[記号]のデータだけ太字に設定します。

```
Sub Sample6()
    With Range("A1").ListObject
        .Range.AutoFilter 2, "田中"
        .ListColumns(3).DataBodyRange.Font.Bold = True
        .Range.AutoFilter 2
    End With
End Sub
```

	A	B	C	D
1	日付	名前	記号	数値
2	2019/4/1	松本	A	200
3	2019/4/2	田中	**B**	300
4	2019/4/3	佐々木	C	600
5	2019/4/1	田中	**D**	100
6	2019/4/2	西野	A	900
7	2019/4/3	松本	B	700
8	2019/4/1	田中	**C**	800
9	2019/4/2	西野	D	400
10	2019/4/3	佐々木	A	500
11				

最後の「AutoFilter 2」は、2列目の絞り込みを解除します。

8-5 行を削除する

テーブルの行全体を削除する

オートフィルターで絞り込んだあと、特定の列を操作する考え方を応用すると、テーブル内の特定の行だけを削除できます。行全体を削除するには、次のように考えます。

① 任意のセルを含む行全体を削除する
　　　　最後の「削除する」はDeleteを使います。

② 任意のセルを含む行全体をDelete
　　　　任意のセルを含む「行全体」は、EntireRowで表されます。

③ 任意のセルのEntireRowをDelete

④ 任意のセル.EntireRow.Delete

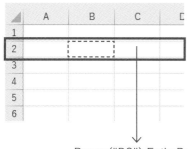

Range("B2").EntireRow

「任意のセル」には、複数のセルを指定できます。

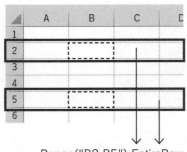

Range("B2,B5").EntireRow

オートフィルターで絞り込んだ結果のうち、見出し行を除くデータはDataBodyRangeで表されます。このDataBodyRangeを含む行全体（EntireRow）を削除すると、絞り込んだ結果だけが削除されます。

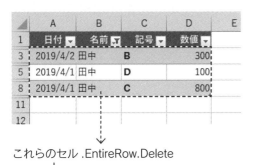

これらのセル .EntireRow.Delete
↓
DataBodyRange

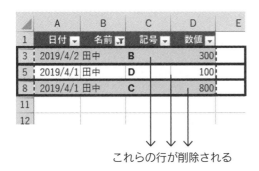

これらの行が削除される

```
Sub Sample7()
    With Range("A1").ListObject.DataBodyRange
        .AutoFilter 2, "田中"
        .EntireRow.Delete
        .AutoFilter 2
    End With
End Sub
```

	A	B	C	D
1	日付	名前	記号	数値
2	2019/4/1	松本	A	200
3	2019/4/3	佐々木	C	600
4	2019/4/2	西野	A	900
5	2019/4/3	松本	B	700
6	2019/4/2	西野	D	400
7	2019/4/3	佐々木	A	500
8				

Rangeと構造化参照を使って削除する

Rangeと構造化参照を使って削除するには、次のようにします。

```
Sub Sample8()
    Range("テーブル1").AutoFilter 2, "田中"
    Range("テーブル1[#Data]").EntireRow.Delete
    Range("テーブル1").AutoFilter 2
End Sub
```

8-6 列を挿入する

テーブルに列を挿入する

テーブルに新しい列を挿入するには、ListColumnsコレクションのAddメソッドを使います。

```
Sub Sample9()
    Range("A1").ListObject.ListColumns.Add
End Sub
```

	A	B	C	D	E	F
1	日付	名前	記号	数値	列1	
2	2019/4/1	松本	A	200		
3	2019/4/2	田中	B	300		
4	2019/4/3	佐々木	C	600		
5	2019/4/1	田中	D	100		
6	2019/4/2	西野	A	900		
7	2019/4/3	松本	B	700		
8	2019/4/1	田中	C	800		
9	2019/4/2	西野	D	400		
10	2019/4/3	佐々木	A	500		
11						

何も指定しないでAddメソッドを実行すると、テーブルの右端に新しい列が挿入されます。新しく挿入された列の見出しは「列1」「列2」などExcelが便宜的に設定します。

いま挿入した列は「5列目」です。これをListColumnで表すと

```
ListColumns(5)
```

となります。この列の（見出し行を除く）データ範囲は、DataBodyRangeです。

```
ListColumns(5).DataBodyRange
```

「ListColumns(5)」の**5**とは、このテーブルにある列の数です。列の数は、ListColumnsコレク

ションのCountプロパティで分かります。したがって、Addメソッドで挿入した列のデータ範囲は、次のように考えられます。

```
Sub Sample10()
    Dim N As Long
    N = Range("A1").ListObject.ListColumns.Count
    Range("A1").ListObject.ListColumns(N).DataBodyRange.Select
End Sub
```

	A	B	C	D	E	F
1	日付	名前	記号	数値	列1	
2	2019/4/1	松本	A	200		
3	2019/4/2	田中	B	300		
4	2019/4/3	佐々木	C	600		
5	2019/4/1	田中	D	100		
6	2019/4/2	西野	A	900		
7	2019/4/3	松本	B	700		
8	2019/4/1	田中	C	800		
9	2019/4/2	西野	D	400		
10	2019/4/3	佐々木	A	500		

新しく挿入した列に数式を代入してみましょう。ここでは、4列目[数値]の数値を2倍にする数式を代入します。

テーブルはExcelが特別に管理しているデータベース領域です。テーブルの中では、ワークシートのようにB3やC5というアドレスを使った参照でセルを特定しません。テーブル内の数式は、構造化参照を使います。

	A	B	C	D	E	F
1	日付	名前	記号	数値	列1	
2	2019/4/1	松本	A	200	400	← =[@数値]*2
3	2019/4/2	田中	B	300	600	
4	2019/4/3	佐々木	C	600	1200	
5	2019/4/1	田中	D	100	200	
6	2019/4/2	西野	A	900	1800	
7	2019/4/3	松本	B	700	1400	
8	2019/4/1	田中	C	800	1600	
9	2019/4/2	西野	D	400	800	
10	2019/4/3	佐々木	A	500	1000	

「=[@数値]*2」で使われている「@」は、数式が入力されているセルと「同じ行の」という意味です。

> **memo**
> この数式は、[数値]列と同じテーブル内に入力されています。そのときは
> ＝テーブル1[@数値]＊2
> のようにテーブル名は指定しません。

テーブルの列には、すべて同じ形式の数式が入力されます。それがデータベース的な考え方です。

新しい列を挿入し、挿入した列に数式を代入するには、DataBodyRangeに入力したい数式を代入します。

```
Sub Sample11()
    Dim N As Long
    Range("A1").ListObject.ListColumns.Add
    N = Range("A1").ListObject.ListColumns.Count
    Range("A1").ListObject.ListColumns(N).DataBodyRange = "=[@数値]*2"
End Sub
```

Rangeと構造化参照を使って列を挿入する

Rangeと構造化参照を使ってテーブルを操作するときは、列を挿入するという命令がありません。そこで、次のように考えます。

手動でテーブルを操作しているとき、新しい列に数式を代入するには、テーブルに隣接している右の列にいきなり数式を代入します。

	A	B	C	D	E
1	日付	名前	記号	数値	
2	2019/4/1	松本	A	200	=[@数値]*2
3	2019/4/2	田中	B	300	
4	2019/4/3	佐々木	C	600	
5	2019/4/1	田中	D	100	
6	2019/4/2	西野	A	900	
7	2019/4/3	松本	B	700	
8	2019/4/1	田中	C	800	
9	2019/4/2	西野	D	400	
10	2019/4/3	佐々木	A	500	
11					

	A	B	C	D	E	F
1	日付	名前	記号	数値	列1	
2	2019/4/1	松本	A	200	400	
3	2019/4/2	田中	B	300	600	
4	2019/4/3	佐々木	C	600	1200	
5	2019/4/1	田中	D	100	200	
6	2019/4/2	西野	A	900	1800	
7	2019/4/3	松本	B	700	1400	
8	2019/4/1	田中	C	800	1600	
9	2019/4/2	西野	D	400	800	
10	2019/4/3	佐々木	A	500	1000	
11						

＝[@数値]＊2

テーブルに隣接しているセルへ数式やデータを代入すると、Excelは自動的にテーブルの範囲を広げてくれます。新しく挿入された列には「列1」など便宜的な名前が設定されます。

マクロでも同じように考えます。テーブルに隣接している右の列は、次のように表されます。

	A	B	C	D	E
1	日付	名前	記号	数値	
2	2019/4/1	松本	A	200	
3	2019/4/2	田中	B	300	
4	2019/4/3	佐々木	C	600	
5	2019/4/1	田中	D	100	
6	2019/4/2	西野	A	900	
7	2019/4/3	松本	B	700	
8	2019/4/1	田中	C	800	
9	2019/4/2	西野	D	400	
10	2019/4/3	佐々木	A	500	
11					
12					

Range("テーブル1[[#Data],[数値]]")

	A	B	C	D	E
1	日付	名前	記号	数値	
2	2019/4/1	松本	A	200	
3	2019/4/2	田中	B	300	
4	2019/4/3	佐々木	C	600	
5	2019/4/1	田中	D	100	
6	2019/4/2	西野	A	900	
7	2019/4/3	松本	B	700	
8	2019/4/1	田中	C	800	
9	2019/4/2	西野	D	400	
10	2019/4/3	佐々木	A	500	
11					
12					

Range("テーブル1[[#Data],[数値]]").Offset(0, 1)

テーブルの[数値]列は、

　Range("テーブル1[[#Data],[数値]]")

で表されます。
このセル範囲を1列右に移動したところが

　Range("テーブル1[[#Data],[数値]]").Offset(0, 1)

です。ここに数式を代入します。

```
Sub Sample12()
    Range("テーブル1[[#Data],[数値]]").Offset(0, 1) = "=[@数値]*2"
End Sub
```

	A	B	C	D	E
1	日付	名前	記号	数値	列1
2	2019/4/1	松本	A	200	400
3	2019/4/2	田中	B	300	600
4	2019/4/3	佐々木	C	600	1200
5	2019/4/1	田中	D	100	200
6	2019/4/2	西野	A	900	1800
7	2019/4/3	松本	B	700	1400
8	2019/4/1	田中	C	800	1600
9	2019/4/2	西野	D	400	800
10	2019/4/3	佐々木	A	500	1000

9

エラー対策

マクロの実行中にエラーが発生すると、マクロは実行を停止します。第三者が使用するようなマクロでは、どんなエラーが発生しても対応できるようにしておかなければなりません。エラーへの対応に必要なことは、技術やテクニックではなく、優しさと思いやりです。

9-1 エラーの種類

9-2 エラーへの対応

9-3 データのクレンジング

9-1 エラーの種類

マクロで発生するエラーを大別すると、次の2種類に分類できます。

① 記述エラー
② 論理エラー

記述エラー

記述エラーは文法エラーとも呼ばれます。VBAの構文に違反した書式で命令を記述したときに発生します。
記述エラーを体験してみましょう。

❶ 標準モジュールに任意のプロシージャを作成します

```
Option Explicit
Sub Sample()
End Sub
```

❷ プロシージャ内に「Range("A1".Select」と入力します。Selectはセルを選択する命令です。Rangeはセルを表しますが、引数を囲む括弧が不足しています。正しくは「Range("A1").Select」です

```
Option Explicit
Sub Sample()
    Range("A1".Select
End Sub
```

❸括弧が不足した状態で Enter キーを押すと、エラーが発生します

まだマクロを実行していないのに、エラーが発生しました。これは、VBAの文法に誤りがあるという記述エラーです。

VBEは、命令を入力して Enter キーを押すと、その行に文法上の誤りがないかどうかをチェックします。誤りがあった場合はメッセージが表示され、誤りのある行が赤文字に変化します。

論理エラー

論理エラーは、VBAの文法的な誤りはないものの、論理的な矛盾によって発生するようなエラーです。論理エラーは"コンパイルエラー"と"実行時エラー"の2種類に分類できます。

● コンパイルエラー

マクロを実行するとき、VBEはコード全体を「Excelが理解できる形式」に翻訳します。この作業を**コンパイル**と呼びます。そのコンパイルの段階で論理的な誤りが発見されると、マクロが実行される前にエラーが発生します。
コンパイルエラーを体験してみましょう。

❶標準モジュールに任意のプロシージャを作成します
❷「変数の宣言を強制する」オプションがオンになっている状態で、プロシージャに次のコードを記述します

```
Sub Sample1()
    A = "Excel VBA"
    MsgBox A
End Sub
```

変数の宣言を強制するには、VBEの［オプション］ダイアログボックスの［編集］タブで［変数の宣言を強制する］チェックボックスをオンにします。

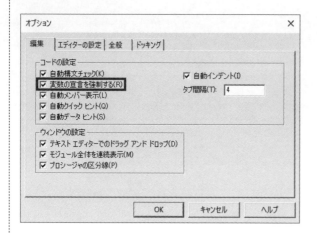

チェックボックスをオンにした状態で挿入した標準モジュールは、先頭行に「Option Explicit」が自動的に書き込まれます。

❸マクロを実行すると、コンパイルエラーが発生します。これは、標準モジュールの先頭に「Option Explicit」が記述され、この標準モジュールでは、すべてのプロシージャで宣言した変数でないと使用できないにもかかわらず、変数A（のつもり）を宣言しないで使用したからです。構文的に間違いはありませんが「変数は宣言しなければならない」という論理的な誤りです

❹［OK］ボタンをクリックするとマクロが中断してデバッグモードになりますので、［実行］メニューの［リセット］を実行してマクロを停止してください

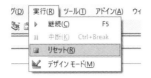

❺マクロを実行しようとしたときに発生するコンパイルエラーは、コードのコンパイルによって発見されます。コードのコンパイルは、マクロを実行しなくても、VBEのメニュー操作で行えます。コードをコンパイルするには、[デバッグ] メニューの [VBAProjectのコンパイル] を実行します

メニュー操作でコンパイルだけを行った場合、マクロを起動していないので、[OK] ボタンをクリックしてもデバッグモードにはなりません。

● 実行時エラー

実行時エラーは、プログラム内に論理的な誤りがあるものの、その部分が実行されなければ評価できないようなエラーです。たとえば、開こうとしているブックが、実は存在しなかったようなケースです。
では、実行時エラーを体験してみましょう。

❶ワークシートが1枚しかないブックで、次のマクロを実行してください

```
Sub Sample2()
    Sheets(2).Range("A1") = 100
End Sub
```

❷次の図のエラーメッセージが表示されたら [終了] ボタンをクリックしてマクロを停止してください。もし [デバッグ] ボタンをクリックしてしまったら、[実行] メニューの [リセット] を実行してマクロを停止してください

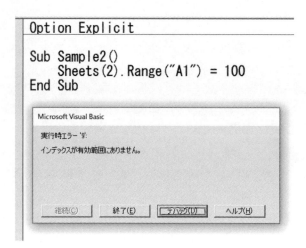

このマクロは、Sheets(2)と2枚目のシートを指定しています。しかし、このブックにシートは1枚しかありません。そこで文法や構文的には正しいけれど「そんなシートは存在しません」という論理的な誤りが発生しました。もし、シートが2枚以上存在するブックで実行すれば、このマクロは正常に動作します。

この実行時エラーの難しいところは、実行してみなければ分からないということです。さらに、実行する環境によって、エラーが発生したり無事に終了したりします。いわゆる"バグ"と呼ばれるプログラミング的なミスは、こうした実行時エラーが大半です。

記述エラーはVBEが自動的にチェックしてくれますので、修正も容易です。論理エラーのうちコンパイルエラーは、マクロを実行する前に［デバッグ］メニューの［VBAProjectのコンパイル］を実行することでチェックできます。エラーの原因を取り除くのに最も手間のかかるのが実行時エラーです。

9-2 エラーへの対応

論理的なエラーは環境によって発生する場合があります。前節の「シートの枚数」程度のことなら、事前にシートの枚数をカウントすれば、そもそもエラーになりません。しかし、エラーが発生する可能性を完全に消し去ることは難しいです。予期せぬエラーが発生した場合でも、エラーでマクロが停止することなく、適切なエラー処理が行われるような工夫が必要です。ここでは、基本的なエラー対策を解説します。

エラーが発生したら別の処理にジャンプする

エラーが発生したとき、あらかじめ定めた命令に処理をジャンプさせるには、**On Error ステートメント**を使います。ジャンプさせるための書式は次の通りです。

```
On Error GoTo ジャンプ先のラベル名
```

ラベルとは、コード中に記述する"しおり"のような機能です。ラベルは

```
ラベル名:
```

のように、ラベル名の後ろにコロンを付けて表します。

On Error GoTo ステートメントを実行すると、それ以降の処理で何らかのエラーが発生したとき、マクロの処理は指定したラベルの行にジャンプします。

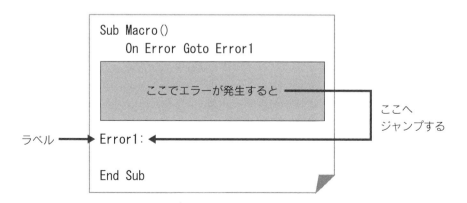

ここでは、存在しないシートのセルに数値を代入するマクロで動作を確認してみましょう。

標準モジュールに、次のようなマクロを記述します。

```
Sub Sample3()
    On Error GoTo Error1
    Sheets(2).Range("A1") = 100
    MsgBox "代入しました"
Error1:
    MsgBox "エラーが発生しました"
End Sub
```

ブックに2枚目のシートが存在しないと、Sheets(2)がエラーになります。しかし、その前で「On Error GoTo Error1」を実行していますので、エラーが発生してもマクロは停止せず、ラベル「Error1」にジャンプします。

On Error Gotoでジャンプさせるときは「エラーが発生しなかった」ときを想定しなければなりません。上記のマクロでは、シートが2枚以上存在して、無事にSheets(2).Range("A1")へ代入できた場合、エラーになりませんが、「代入しました」のメッセージが表示された後で「エラーが発生しました」のメッセージが表示されてしまいます。

ラベル「Error1」から下はエラーが発生したときだけ実行して、エラーが発生しなかったときは、ラベル「Error1」の手前でマクロを終了しなければなりません。それには、Exit Subという命令を使います。ExitステートメントはFor...NextステートメントやDo...Loopステートメントなどの繰り返し処理を強制的に終わらせる働きをしますが、引数にSubを付けると、実行中のプロシージャをそこで終了できます。Exitステートメントに関しては「第3章 ステートメント」を参照してください。

上記のコードは、次のようにしなければなりません。

```
Sub Sample3()
    On Error GoTo Error1
    Sheets(2).Range("A1") = 100
```

```
    MsgBox "代入しました"
    Exit Sub
Error1:
    MsgBox "エラーが発生しました"
End Sub
```

どんなエラーが発生したか調べる

On Errorステートメントを使うと、エラーが発生したときにあらかじめ定めておいた処理にジャンプできます。しかし、そのときどんなエラーが発生したかは分かりません。次のようなマクロで考えてみましょう。

```
Sub Sample4()
    Dim A As String
    A = Range("A1")
    Sheets("Sheet1").Name = A
End Sub
```

Sheet1の名前を、アクティブシートのセルA1に入力されている文字列に変更するマクロです。

正常にシート名を変更できないとエラーが発生しますので、先と同じようなOn Error Gotoによるエラー対策を追加してみます。こうすることで、エラーでマクロが停止することはなくなります。

```
Sub Sample4()
    On Error Goto Error1
    Sheets("Sheet1").Name = Range("A1")
    Exit Sub
Error1:
    MsgBox "エラーが発生しました"
End Sub
```

シート名が変更できないときは、次のような原因が考えられます。

① ブック内に Sheet1 が存在しない

② 新しいシート名のシートがすでに存在する

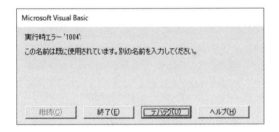

③ 新しいシート名に不正な文字が含まれている

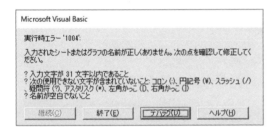

④ ブックが保護されている

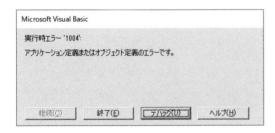

エラーが発生する理由はさまざまです。ここでは、発生したエラーの種類に応じて、適切なメッセージが表示されるようにしてみましょう。

発生したエラーに関する情報は、**Errオブジェクト**に格納されます。エラーが発生したら、Errオブジェクトを調べることで、どんなエラーなのかを知ることができます。

Errオブジェクトでよく使われるプロパティとメソッドは次の通りです。

・Number プロパティ
　エラーごとに決まっている"エラー番号"を返します。

・Description プロパティ
　エラーの意味を表すメッセージ（文字列）を返します。

・Clear メソッド
　エラー情報をクリアします。

「On Error Goto ラベル」を使うと、どんなエラーが発生してもラベルに処理を移動します。どんなエラーでラベルに飛んできたのかは、ErrオブジェクトのNumberプロパティで判定できます。エラー番号は、実際にエラーが発生したときに表示されるメッセージ「実行時エラー '1004'」で確認できます。また、ヘルプで「トラップできるエラー」を検索すると、すべてのエラー番号が記載されたページも見つかります。

Descriptionプロパティは「インデックスが有効範囲にありません。」など、エラーが発生したときに表示されるエラーメッセージです。

Errオブジェクトに格納されたエラー情報は、プロシージャが終了するまで保持されます。同一プロシージャ内で複数のOn Errorステートメントを使用するときは、Clearメソッドで以前に格納されていた情報をクリアしておきます。

さて、ここでは4種類のエラーを想定しました。それぞれのエラー番号は次の通りです。

　① ブック内にSheet1が存在しない　　　　　→ 9
　② 新しいシート名のシートがすでに存在する　→ 1004
　③ 新しいシート名に不正な文字が含まれている → 1004
　④ ブックが保護されている　　　　　　　　　→ 1004

ErrオブジェクトのNumberプロパティが9だったら①、1004だったら②または③または④、それ以外だったら想定していないエラーということです。なお、上記すべてのエラーを判定するとコードが長くなりますので、ここでは次の2つだけを判定します。

　① ブック内にSheet1が存在しない　　　　　→ 9
　② 新しいシート名のシートがすでに存在する　→ 1004

```
Sub Sample4()
    On Error GoTo Error1
    Sheets("Sheet1").Name = Range("A1")
    Exit Sub
Error1:
    Select Case Err.Number
    Case 9
        MsgBox "Sheet1が存在しません"
    Case 1004
        MsgBox "同名のシートが存在します"
    Case Else
        MsgBox "想定しないエラーです"
    End Select
End Sub
```

> **memo**
> Sheet1 や、新しいシート名がすでに存在するかどうかは、他の方法で確認することも可能です。ここでは、Errオブジェクトの使い方を学習してください。

発生したエラーを無視する

On Errorステートメントでは、発生したエラーを無視することもできます。エラーを無視するには、On Errorステートメントに**Resume**と**Next**というキーワードを指定します。

```
On Error Resume Next
```

ブックに名前を付けて保存するにはSaveAsメソッドを実行しますが、すでに同じ名前のブックが存在している場合は、上書きするかどうかの確認メッセージが表示されます。

```
Sub Sample5()
    ActiveWorkbook.SaveAs "Book1.xlsm"
End Sub
```

このとき、[いいえ]ボタンまたは[キャンセル]ボタンをクリックすると、SaveAsメソッドが正常に終了できなかったというエラーが発生します。

[いいえ]ボタンをクリックした場合

[キャンセル]ボタンをクリックした場合

ここでは、SaveAsメソッドのエラーを無視して処理を続け、SaveAsメソッドの後で「保存されたかどうか」を確認するマクロを作成してみます。ブックに行った変更が保存されているかどうかは、ブック（Workbookオブジェクト）のSavedプロパティで分かります。変更が保存されているとSavedプロパティにTrueが格納され、変更が保存されていないとFalseが格納されます。

```
Sub Sample5()
    On Error Resume Next
    ActiveWorkbook.SaveAs "Book1.xlsm"
    If ActiveWorkbook.Saved = True Then
        MsgBox "保存されました"
    Else
        MsgBox "保存されていません"
    End If
End Sub
```

エラー対策のポイント

エラーはどんな原因で発生するか分かりません。マクロのコードに誤りがなくても、ユーザーが誤った操作をするかもしれません。エラーを未然に防ぐには、マクロ作成者の「きっと○○だろう」という思い込みをなくし、ユーザーがどんな操作をするか"ユーザーの身になって"考えることが重要です。

また、本章ではエラーが発生してからの対応を中心に解説しましたが、エラーが発生しそうな処理では、事前に原因を調べておくことも有効です。例として解説した「シート名を変更するマクロ」では、Sheet1や新しいシート名がすでに存在しているかどうかを事前にチェックしておくと、エラーの発生そのものを回避できます。

シート名の設定に失敗する原因として想定した

① ブック内にSheet1が存在しない
② 新しいシート名のシートがすでに存在する
③ 新しいシート名に不正な文字が含まれている
④ ブックが保護されている

のうち、①と②はブック内の全シート名を調べればエラーを回避できます。④はブック（Workbookオブジェクト）の**ProtectStructure プロパティ**を調べれば分かります。ブックが保護されているとProtectStructureプロパティはTrueを返します。つまり、エラーになるであろうと想定した4項目のうち、3項目はマクロの中で簡単に調べることが可能です。調べた上で処理を進めれば、そもそもエラーにはなりません。

では、③はどうでしょう。セルに入力されている文字列の中に「*」や「?」や「[」などが含まれているかどうかを調べ、その文字列が31文字以内であるかどうかを調べ、さらにセルが空欄ではないかどうかを調べれば、確かにチェックできます。しかし、毎回これらのチェックを行うのは大変です。そこで、シート名を変更するマクロでは、①と②と④だけを調べ、もし問題がなければ変更を試みます。そこでエラーになったら原因は③または想定外のエラーということです。このようにエラー対策では、事前にチェックするという"**予防**"と、それでもエラーになったときに行う"**対処**"のバランスが重要です。

9-3 データのクレンジング

不正なデータを修正する

マクロがエラーになる原因は、主に次の3つです。

① コードの間違い
② 操作の間違い
③ データの間違い

①は論外です。単純にコードが間違っているのですから、間違いを見つけて修正します。②はマクロを実行するユーザー側の問題です。「指定したシートをアクティブシートにしてからマクロを実行する」のようなルールを無視してマクロを実行すれば、当然エラーになるでしょう。しかしこれも、そうしたユーザーのミスをマクロの中で想定して「そんなこともあろうかと」あらかじめ手を打っておくことが望ましいです。実務で問題になるのは③です。

たとえば、ある列に入力されている日付を操作するマクロがあったとします。マクロ作成時には、正しく日付を操作できるコードを書きます。データが正しければ、そのマクロは正常に動作します。しかし、もしその列の中に文字列が含まれていたら、マクロはエラーになってしまいます。あるいは、データが半角スペースで区切られているという前提のマクロは、もし全角スペースで区切られていると正しく動作しません。そのように、マクロで想定していない形式のデータは、まず想定内の形式に変換しなければなりません。そのようにデータを"綺麗にする"処理を、データの**クレンジング**と呼びます。実務では欠かせない処理です。ここでは、データをクレンジングする方法を解説します。

半角文字列と全角文字列

文字列の半角と全角を変換するには、**StrConv関数**を使います。StrConv関数の書式は次の通りです。

```
StrConv(元の文字列, 変換する文字種)
```

半角の「アルファベット」「記号」「数値」を全角に変換するには、引数「変換する文字種」に定数**vbWide**を指定します。反対に、全角を半角に変換するには、定数**vbNarrow**を指定します。下図は、A列に半角と全角の文字列が混在しています。これらをすべて統一します。

● 半角→全角

```
Sub Sample6()
    Dim i As Long
    For i = 1 To 8
        Cells(i, 2) = StrConv(Cells(i, 1), vbWide)
    Next i
End Sub
```

	A	B
1	ABC－１２３(ﾋﾛｾ)	ＡＢＣ－１２３（ヒロセ）
2	ＡＢＣ-123（ヒロセ）	ＡＢＣ－１２３（ヒロセ）
3	DEF－２３４(ﾊｼﾓﾄ)	ＤＥＦ－２３４（ハシモト）
4	ＤＥＦ-234（ハシモト）	ＤＥＦ－２３４（ハシモト）
5	GHI－３４５(ｻｻｷ)	ＧＨＩ－３４５（ササキ）
6	ＧＨＩ-345（ササキ）	ＧＨＩ－３４５（ササキ）
7	JKL－４５６(ﾆｼﾉ)	ＪＫＬ－４５６（ニシノ）
8	ＪＫＬ-456（ニシノ）	ＪＫＬ－４５６（ニシノ）
9		

● 全角→半角

```
Sub Sample6()
    Dim i As Long
    For i = 1 To 8
        Cells(i, 2) = StrConv(Cells(i, 1), vbNarrow)
    Next i
End Sub
```

	A	B
1	ABC－１２３(ﾋﾛｾ)	ABC-123(ﾋﾛｾ)
2	ＡＢＣ-123（ヒロセ）	ABC-123(ﾋﾛｾ)
3	DEF－２３４(ﾊｼﾓﾄ)	DEF-234(ﾊｼﾓﾄ)
4	ＤＥＦ-234（ハシモト）	DEF-234(ﾊｼﾓﾄ)
5	GHI－３４５(ｻｻｷ)	GHI-345(ｻｻｷ)
6	ＧＨＩ-345（ササキ）	GHI-345(ｻｻｷ)
7	JKL－４５６(ﾆｼﾉ)	JKL-456(ﾆｼﾉ)
8	ＪＫＬ-456（ニシノ）	JKL-456(ﾆｼﾉ)
9		

半角や全角に変換するStrConv関数を使うと、文字列が「すべて半角/全角か」を判定できます。たとえば、調べる文字列をStrConv関数で半角に変換してみて、その結果が元の文字列と同じだったら、元の文字列はすべて半角であるといえます。次のコードは、セル範囲A1:A9に入力されている文字列の中に、1文字でも全角の文字列が含まれていたら、B列に"×"を代入します。

```
Sub Sample7()
    Dim i As Long
    For i = 1 To 9
        If Cells(i, 1) <> StrConv(Cells(i, 1), vbNarrow) Then
            Cells(i, 2) = "×"
        End If
    Next i
End Sub
```

	A	B
1	A-260-D	
2	B-938-E	
3	C-７０２-D	×
4	A-273-E	
5	B-660-D	
6	C -877-E	×
7	A-225-D	
8	B-804- E	×
9	C-205-D	

> **memo**
> StrConv関数で半角/全角の変換を行うと、すべての「アルファベット」「記号」「数値」が変換されます。「アルファベット」だけや「記号」だけを変換することはできません。

不要な文字を除去する

データの中に不要な文字が含まれていた場合、それらを除去してから処理を進めなければなりません。文字列の中に含まれる不要な文字を除去するには、**Replace関数**を使います。Replace関数の書式は次の通りです。

Replace(元の文字列, 検索文字, 置換文字)

Replace関数は、引数「元の文字列」の中に含まれる、引数「検索文字」に指定した文字を、す

べて引数「置換文字」に置き換えます。検索文字を空欄（""）に置き換えると、結果的に検索文字は除去されます。

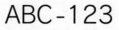

この文字列から "-" を "" に置換する
Replace("ABC-123", "-", "")

ABC123

"-" を除去したことになる

次のコードは、セル範囲A1:A8に入力されているデータから"-"を除去した結果をB列に代入します。

```
Sub Sample8()
    Dim i As Long
    For i = 1 To 8
        Cells(i, 2) = Replace(Cells(i, 1), "-", "")
    Next i
End Sub
```

	A	B
1	814-ABC	814ABC
2	620-AB	620AB
3	39-ABC	39ABC
4	249-AB	249AB
5	58-ABC	58ABC
6	87-AB	87AB
7	893-ABC	893ABC
8	61-AB	61AB
9		

では、任意の文字列から後ろ全部を除去するには、どうしたらいいでしょう。たとえば上図のA列には「数値-アルファベット」のような形式のデータが入力されています。これらのデータから**"-"から後ろ全部を除去**して、"-"から左側にある数値だけを取り出してみます。

"-"の左側だけを取り出すということは、元のデータを"-"で分割するということです。文字列を、何かの**区切り文字**で分割するにはSplit関数を使います。Split関数は配列を返しますので、その配列の先頭要素（0号室）を取り出します。Split関数や配列に関しては「第2章 変数」を参照してください。次のコードは、セル範囲A1:A8に入力されているデータの、"-"から右側

を除去した結果をB列に代入します。

```
Sub Sample9()
    Dim i As Long, A As Variant
    For i = 1 To 8
        A = Split(Cells(i, 1), "-")
        Cells(i, 2) = A(0)
    Next i
End Sub
```

	A	B
1	814-ABC	814
2	620-AB	620
3	39-ABC	39
4	249-AB	249
5	58-ABC	58
6	87-AB	87
7	893-ABC	893
8	61-AB	61

日付の操作

Excelにおいて、日付はもっとも難しいデータのひとつです。Excelは日付（時刻）をシリアル値で管理しています。したがって、Excelで日付を扱うときは、セルにシリアル値を代入し、表示形式によって人間が理解できる日付として表示しなければなりません。たとえば下図のように、セルに日付（シリアル値）が入力されていれば、その翌日を計算することは簡単です。1を足せば良いのです。

	A	B
1	2019/3/31	2019/4/1 ← =A1+1

しかし、下図のように年月日が別のセルに入力されていると、Excelはこれを日付とは認識できません。もちろん、日付としての計算もできません。

	A	B	C
1	年	月	日
2	2019	3	31

このように年月日の数値から、Excelが日付と認識できるシリアル値に変換するには、**DateSerial関数**を使います。DateSerial関数の書式は次の通りです。

```
DateSerial(年, 月, 日)
```

月や日に、範囲を超えた数値を指定すると、Excelが適切に処理してくれます。

```
DateSerial(2019, 2, 30)   → 2019/03/02
DateSerial(2018, 13, 15)  → 2019/01/15
DateSerial(2019, 5, 0)    → 2019/04/30
```

2019/5/0は、2019/5/1の前日と認識されます。

> **memo**
> Excelのシリアル値は、1900年1月1日から9999年12月31日までです。その範囲を超える日付は扱えません。

次のコードは、A列・B列・C列に入力された数値を日付に変換してD列に代入します。

```vb
Sub Sample10()
    Dim i As Long
    For i = 2 To 8
        Cells(i, 4) = DateSerial(Cells(i, 1), Cells(i, 2), Cells(i, 3))
    Next i
End Sub
```

	A	B	C	D
1	年	月	日	日付
2	2019	3	31	2019/3/31
3	2018	12	24	2018/12/24
4	2019	4	3	2019/4/3
5	2019	6	12	2019/6/12
6	2018	11	30	2018/11/30
7	2019	5	3	2019/5/3
8	2019	2	29	2019/3/1

基幹システムなどから提供されるデータでは、日付が（Excelにとって）文字列形式になっていることがあります。文字列形式の日付と、Excelが日付として扱えるシリアル値が混在していると、さまざまな場面でトラブルを生じます。

	A	B	C
1	日付	数値	
2	2019/3/31	1	
3	2018/12/24	2	
4	2019/4/3	3	
5	2019/6/12	4	
6	2018/11/30	5	
7	2019/5/3	6	
8	2019/3/1	7	
9			

上図は、2018年の日付だけ文字列形式で入力されています。ここでは区別しやすくするために、文字列形式の日付を"左詰め"で表示していますが、これを"右詰め"で表示したら区別はつかないでしょう。このように、文字列形式の日付とシリアル値が混在していると、オートフィルターで正しくグループ化されません。

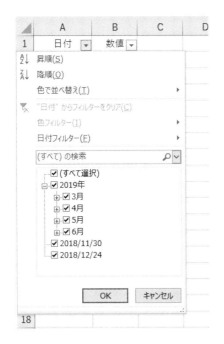

並べ替えも正しい結果になりません。

	A	B	C
1	日付	数値	
2	2019/3/1	7	
3	2019/3/31	1	
4	2019/4/3	3	
5	2019/5/3	6	
6	2019/6/12	4	
7	2018/11/30	5	
8	2018/12/24	2	
9			

ピボットテーブルには、日付を年月などのグループでまとめる機能がありますが、日付（シリアル値）と文字列が混在していると、その機能が使えません。

	A	B	C	D
1				
2				
3	行ラベル	合計 / 数値		
4	2018/11/30	5		
5	2018/12/24	2		
6	2019/3/1	7		
7	2019/3/31	1		
8	2019/4/3	3		
9	2019/5/3	6		
10	2019/6/12	4		
11	総計	28		

Microsoft Excel: 選択対象をグループ化することはできません。

このような、文字列形式の日付をシリアル値に変換するには、まずセルの表示形式を日付に設定しなければなりません。セルの表示形式は、NumberFormatプロパティに書式記号を設定します。

 NumberFormat = "yyyy/mm/dd" → 2019/03/15
 NumberFormat = "yyyy/m/d"　 → 2019/3/15

次に、セルに入力されている文字列の値を、もう一度同じセルに入れ直します。

 Range("A3").Value = Range("A3").Value

次のコードは、セル範囲A2:A8に入力されているデータを、日付（シリアル値）として代入し

直します。

```
Sub Sample11()
    Dim i As Long
    For i = 2 To 8
        Cells(i, 1).NumberFormat = "yyyy/m/d"
        Cells(i, 1).Value = Cells(i, 1).Value
    Next i
End Sub
```

	A	B	C
1	日付	数値	
2	2019/3/31	1	
3	2018/12/24	2	
4	2019/4/3	3	
5	2019/6/12	4	
6	2018/11/30	5	
7	2019/5/3	6	
8	2019/3/1	7	
9			

9 エラー対策

10

デバッグ

デバッグとは、プログラムに潜むミスを見つけ出して、そのミスを修正する作業です。VBEには、そうしたデバッグのために便利な機能がたくさん用意されています。

10-1 デバッグとは
10-2 イミディエイトウィンドウ
10-3 マクロを一時停止する
10-4 ステップ実行
10-5 デバッグでよく使う関数

10-1 デバッグとは

初級者と中級者の差は、このデバッグ能力だと言われます。効率よくデバッグを行い、ミスを間違いなく修正するには、ミスを修正する技術だけでなく、どこにミスがあるかを発見する能力が不可欠です。ある目的を達成するためにVBAの命令を記述するのとは異なり、すでに作成されたコードを精査するには、マクロ全体を見渡す視野や、VBAの仕様に関する知識などに加えて、プログラム中のどこにミスが含まれているかを見つけ出す、ある種の"カン"も必要です。この"カン"は、たくさんのデバッグ作業を行って養うしかありません。

もちろん、ミスを発見するための技術も必要です。それには、VBEに備わっているデバッグのための機能を自由に扱えなければなりません。本章では、エラーに関する基礎知識と、デバッグ作業で使用する基本機能について解説します。

文法エラーと論理エラー

VBAでエラーとなる要因は次の2つに大別されます。

① 文法エラー
② 論理エラー

文法エラーは、VBAの書式や構文を誤っているエラーです。たとえば、モジュールシートで次のように記述して Enter キーを押すと、エラーになります。

```
Range("A1) = 100
```

```
Sub Sample()
    Range("A1) = 100

End Sub
```

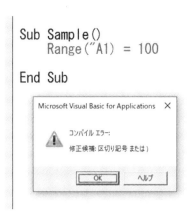

セルを操作するRangeは、引数にセルのアドレスを文字列として指定します。文字列は両端をダブルクォーテーション（""）で囲まなければなりませんが、後ろのダブルクォーテーションが不足しています。

VBEでは、1行の命令を入力して Enter キーを押すと、その行の命令が文法的に正しいかどうかを判定して、もし文法的な間違いがあるとエラーメッセージを表示します。文法的なミスを含む行は赤く変化しますので、よく見て文法のミスを直します。

②の論理エラーとは、VBAの文法や構文的には正しいものの、プログラムとしては論理的に間違っているというミスです。たとえば次のマクロは、ワークシートが3枚しかない状態で実行するとエラーになります。

```
Sub Sample1()
    Dim i As Long
    For i = 1 To 4
        Cells(i, 1) = Worksheets(i).Name
    Next i
End Sub
```

マクロを実行してから発生するエラーでは、図のようなエラーメッセージが表示されます。このダイアログボックスで［終了］ボタンをクリックすると、マクロの実行を中止します。［デバッグ］ボタンをクリックすると、実行できなかった行が黄色く反転し、実行中のマクロが「一時停止」状態になります。こうした状態を**デバッグモード**といい、エラーの原因を調べられます。

実行時エラーが発生したとき、デバッグを行わないのであれば［終了］ボタンをクリックしてマクロを停止してください。

10-2 イミディエイトウィンドウ

デバッグ作業は一般的に、マクロがエラーで一時停止した状態（デバッグモード）で行います。マクロは一時停止状態ですから、まだ終了していません。実行途中です。マクロが終了してしまうと、変数などはすべてクリアされてしまうので、エラーの状況やミスの原因などを調べることができなくなります。デバッグはどうしても、マクロが終了していない一時停止状態で行う必要があります。しかし、エラーになったマクロが実行中では、たとえば変数の内容を確認するために、新しいプロシージャを作成することができません。そこで使用するのが**イミディエイトウィンドウ**です。

イミディエイトウィンドウは、プロパティや変数の内容や、実行途中のマクロに関する情報などを表示したり、任意の命令を実行できるウィンドウです。イミディエイトウィンドウは、マクロを停止したデバッグモードで便利に使える機能です。

> **memo**
> イミディエイトウィンドウは、実行中のマクロが一時停止したデバッグモードの状態で使うことが大半ですが、マクロを実行していない状態で使うことも可能です。

イミディエイトウィンドウを表示するには、［表示］メニューの［イミディエイトウィンドウ］を実行するか、Ctrlキーを押しながらGキーを押します。

VBEの初期状態では、イミディエイトウィンドウはコードウィンドウの下部に表示されます。

また、イミディエイトウィンドウは、タイトルバーをドラッグすることで、コードウィンドウから切り離して、フローティング状態で自由な位置に配置できます。

【コードウィンドウの下部にドッキングしている状態】

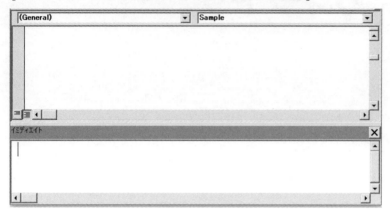

【切り離してフローティングにした状態】

フローティング状態にしたイミディエイトウィンドウのタイトルバーをダブルクリックすると、コードウィンドウの下部にドッキングします。

本書では、コードウィンドウの下部から切り離してフローティング状態にしたイミディエイトウィンドウの画像で解説します。

イミディエイトウィンドウで、プロパティの内容を調べてみましょう。イミディエイトウィンドウを表示して、次のように入力してください。

```
?range("A1").value
```

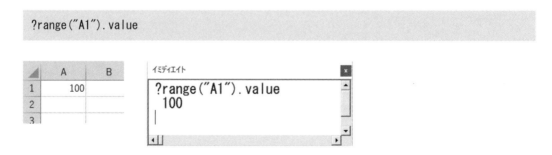

[Enter]キーを押すと、アクティブシートのセルA1に入力されている値がイミディエイトウィンドウの中に表示されます。これは、セルA1(Range("A1"))に入力されている値（Valueプロ

パティ）を調べたことになります。このように、イミディエイトウィンドウの中で「?」に続けてプロパティや変数などを入力すると、そのプロパティや変数に格納されている値、あるいは関数の結果などを調べることができます。

イミディエイトウィンドウの中では、1行が1つの命令として認識されます。行内で Enter キーを押すと、その行に書かれた命令が実行されます。上記の「?range("A1").value」は、セルA1の値（Valueプロパティ）を表示せよという命令です。

VBAで使われている単語は、一部を除いて、すべて先頭の1文字目が大文字で定義されています。モジュール内でマクロを記述しているときは、小文字で入力しても、Enter キーを押すと1文字目が大文字に変換されます。しかし、イミディエイトウィンドウの中では、そうした大文字と小文字の自動変換は行われません。

イミディエイトウィンドウでは、変数やプロパティの状況などを調べるだけでなく、値を代入することもできます。イミディエイトウィンドウで次のように入力してみましょう。

```
range("A1").value = 200
```

	A	B
1	200	
2		
3		

「range("A1").value = 200」は、セルの値（Valueプロパティ）を調べているのではなく、セルの値（Valueプロパティ）に値を**代入**しています。何かを調べて、その結果をイミディエイトウィンドウに表示させるときは、先頭に「?」を入力しますが、そうではなく値を代入したり、動作を伴う命令を実行するときは、先頭の「?」は不要です。

動作を伴う命令を実行してみましょう。イミディエイトウィンドウで次のように入力してください。

```
sheets.add
```

10 デバッグ

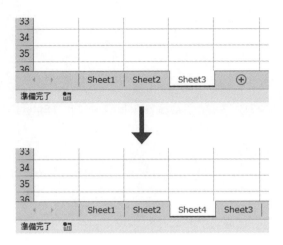

「sheets.add」は新しいシートを挿入するメソッドです。実行すると、新しいシートがアクティブシートの左に挿入されます。

イミディエイトウィンドウの中では、新しい変数を使うこともできます。イミディエイトウィンドウで次のように入力してみましょう。

まず、「a = 100」と入力して Enter キーを押します。続けて「msgbox a」まで入力して Enter キーを押すと、画面に「100」が表示されます。このメッセージボックスは2行目によって表示されていますが、MsgBoxが表示したのは「変数a」の内容です。1行目の「a = 100」で変数aに100を代入しています。

VBEのオプション［変数の宣言を強制する］をオンにしておくと、モジュール内に作成するすべてのマクロで、変数は必ず宣言を必要とします。宣言していない変数を使うとマクロがエラーになります。

マクロのミスを防ぐためにも、この［変数の宣言を強制する］オプションはオンにすべきですが、このオプションがオンであっても、イミディエイトウィンドウの中では、宣言していない変数を使えます。これを「**暗黙の宣言**」と呼びます。逆に、イミディエイトウィンドウの中で

```
dim a as long
```

などのように明示的に変数を宣言することはできません。

イミディエイトウィンドウへの出力

イミディエイトウィンドウでは変数やプロパティの値を調べたり、何らかの命令を実行したりできます。このイミディエイトウィンドウに、実行中のマクロから任意の情報を**出力**することができます。次のコードは、イミディエイトウィンドウに「100」を代入します。なお、マクロを実行する前に、イミディエイトウィンドウを表示しておくと分かりやすいです。

```
Sub Sample2()
    Debug.Print 100
End Sub
```

```
Sub Sample2()
    Debug.Print 100
End Sub
```

イミディエイトウィンドウに出力するには、**Debug.Print**と書きます。出力される場所は、イミディエイトウィンドウ内のカーソルがある位置です。行の途中にカーソルがあると、そこに出力されてしまいますので、注意してください。

Debug.Printでイミディエイトウィンドウに出力すると、マクロを止めることなく、実行中の様子や状態を確認できます。

10-3 マクロを一時停止する

デバッグ作業は、マクロが一時停止した状態（デバッグモード）で行うことが一般的です。マクロが終了してしまうと、変数の内容などがクリアされてしまいますので、エラーの原因を探し出せなくなります。マクロがエラーになると、自動的にデバッグモードになりますが、任意のタイミングで明示的にマクロを止めることもできます。

マクロを一時停止させるには、主に次の方法があります。

①ブレークポイント
②Stopステートメント

ブレークポイント

マクロのコード中にブレークポイントを設定すると、ブレークポイントの位置でマクロが一時停止します。試してみましょう。まず、次のようなマクロを作ります。

```
Sub Sample3()
    Dim A As Long
    A = 300
    Range("A1") = A
End Sub
```

「Range("A1") = A」の行にカーソルを置いて F9 キーを押します。実行すると、カーソルがある行にブレークポイントが設定されます。ブレークポイントが設定されている行は、背景が茶色になります。コードの左端のインジケーターバーをクリックしても設定できます。もう一度クリックすると解除されます。

```
Sub Sample3()
    Dim A As Long
    A = 300
    Range("A1") = A
End Sub
```
―― ここをクリックする

このマクロを実行すると、ブレークポイントを設定した行でマクロが一時停止します。

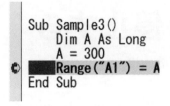

このとき、まだ「Range("A1") = A」が実行されていないことに留意してください。ブレークポイントを設定したり、あるいはマクロがエラーになったときなど、マクロが一時停止してデバッグモードになると、止まった行が黄色く反転します。この黄色い行は「次に実行する行」であり、まだ実行されていません。

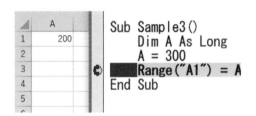

マクロが一時停止している状態では、変数に格納されている値などを調べることができます。イミディエイトウィンドウで次のように入力してみましょう。

```
?a
```

Enter キーを押すと、変数Aに格納されている数値がイミディエイトウィンドウに表示されます。

```
?range("A1")
```

Enter キーを押すと、セルA1に格納されている値がイミディエイトウィンドウに表示されます。

デバッグモードでは、変数やセルの値などを、イミディエイトウィンドウを使わなくても調べることができます。コードの変数Aにマウスポインタを合わせると、変数内に格納されている値がポップアップで表示されます。

```
Sub Sample3()
    Dim A As Long
    A = 300
    Range("A1") = A
End Sub          A = 300
```

セルの値（Valueプロパティ）も表示できます。

```
Sub Sample3()
    Dim A As Long
    A = 300
    Range("A1") = A
End Sub
```
Range("A1") = 200

イミディエイトウィンドウでは、値を代入することもできます。

```
a = 400
```

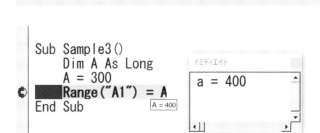

デバッグモードで一時停止しているマクロは、F5キーを押すか、VBEの［実行］メニューの［継続］をクリックして再開できます。

> **memo**
> デバッグモードでステップインすることも可能です。ステップインに関しては後述します。

Stopステートメント

コードの中に**Stopステートメント**を記述すると、Stopステートメントでマクロが一時停止します。

```
Sub Sample4()
    Dim A As Long
    A = 500
    Stop
    Range("A1") = A
End Sub
```

```
   Sub Sample4()
       Dim A As Long
       A = 500
⇨ |    Stop
       Range("A1") = A
   End Sub
```

Stopステートメントも、ブレークポイントと同じようにマクロを一時停止状態にしますが、ブレークポイントが常にそこでマクロを止めるのに対し、Stopステートメントは単なるステートメントですから、**Ifステートメント**などと組み合わせることで、特定の条件に一致したときにだけマクロを止めることも可能です。次のコードは、セルに500を代入しますが、もしセルA1が空欄ではなかったとき、マクロを一時停止します。

```
Sub Sample5()
    Dim A As Long
    A = 500
    If Range("A1") <> "" Then Stop
    Range("A1") = A
End Sub
```

10-4 ステップ実行

マクロを実行すると、先頭のSubからEnd Subまで一気に実行されます。そうではなく、マクロのコードを1行ずつ止めながら実行するのが**ステップイン**です。デバッグの作業には欠かせません。

マクロを、最初からステップインするには、実行したいプロシージャの中にカーソルを置き、F8キーを押します。

```
⇨ Sub Sample4()
      Dim A As Long
      A = 500
      Stop
      Range("A1") = A
  End Sub
```

実行すると、プロシージャの先頭行である「Sub マクロ名()」が黄色く反転します。これ以降、F8キーを押すたびに、1行ずつマクロが実行されます。

> **memo**
> 黄色く反転している行は「次に実行する行」です。VBAのステートメントなどによっては、ステップインのとき、黄色く反転しないで飛ばされる行もあります。

ブレークポイントやStopステートメントで一時停止したデバッグモードでF8キーを押せば、停止した行からステップインできます。

10-5 デバッグでよく使う関数

デバッグ作業では、さまざまなことを調べなければなりません。セルに入力されている値を調べるには、**Range**オブジェクトの**Value**プロパティを調べます。セルに表示されている文字列を調べるには、**Text**プロパティを調べます。そのようなプロパティだけでなく、データの形式を判定する関数も、デバッグ作業では欠かせません。

● TypeName関数

TypeName関数は、引数に指定したものがどんな種類のデータかを調べることができます。たとえば、

```
TypeName(Range("A1"))
```

を調べると、TypeName関数は「Range」を返します。これは"Rangeオブジェクト"の意味です。では、セルA1に"Excel"という文字列が入力されているとき、

```
TypeName(Range("A1").Value)
```

を調べると、TypeName関数は「String」を返します。セルA1に入力されている"Excel"は文字列です。文字列はVBAで"String"として扱われます。調べられるのはセルに入力されている値だけではありません。変数に格納されている値の種類も、同じように判定できます。

```
Sub Sample6()
    Dim A As Variant
    A = "Excel"
    MsgBox TypeName(A)
End Sub
```

TypeName関数は、各種の値に返して次のような結果を返します。

値	返す結果
Excelなどの文字列	String
100などの整数	Integer
3.14などの小数	Double
2019/4/15などの日付	Date

IsNumeric関数

IsNumeric関数は、引数に指定した値が数値かどうかを判定できます。引数に指定した値が数値と認識されるとき、IsNumeric関数はTrueを返し、数値と認識できないときはFalseを返します。

```
Sub Sample7()
    MsgBox IsNumeric(Range("A1").Value)
End Sub
```

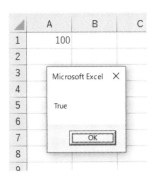

●IsDate関数

IsDate関数は、引数に指定した値が日付かどうかを判定できます。引数に指定した値が日付と認識されるとき、IsDate関数はTrueを返し、日付と認識されないときはFalseを返します。日付と認識される値かどうかは、それをセルに代入してみれば分かります。代入した結果、セルにシリアル値が入力されれば、その値は日付と認識されます。対して、文字列として入力されるような値は日付と認識されません。

```
Sub Sample8()
    MsgBox IsDate(Range("A1").Value)
End Sub
```

Excel VBA Standard
Index

記号

?	187
Ctrl + G キー	185
Ctrl + Shift + L キー	112
F8 キー	195
F9 キー	191
@	141, 153
&演算子	39, 68
#All	141
#Data	141
#Headers	141
#Totals	141

A

Add2 メソッド	116
引数 DataOption	118
引数 Key	117
引数 Order	118
引数 SortOn	118
Add メソッド	152
After	92
And 演算子	56, 62
Apply メソッド	120
AutoFilter メソッド	104, 112

B

ByRef キーワード	19
ByVal キーワード	18

C

Call ステートメント	8
Case	45
Case Else	47
Clear メソッド	117, 167
COUNTIF 関数	84
Count プロパティ	153
Criteria1	104
Criteria2	104
CurrentRegion	107

D

DataBodyRange	134
DateSerial 関数	90, 176
Debug.Print	190
Delete メソッド	96
Description プロパティ	167
Do...Loop ステートメント	48
終了する	43

E

End プロパティ	100, 111
End モード	100, 111
EntireColumn	97
EntireRow	96
EOMONTH 関数	89
Err オブジェクト	166
Clear メソッド	167

Description プロパティ 167
Number プロパティ 167
Exit Do ステートメント 43, 44, 50
Exit For ステートメント 42, 43
Exit Function ステートメント 42, 43
Exit Sub ステートメント 42, 43, 164
Exit ステートメント 42, 164

F

Field 104
FileCopy ステートメント 77
Find メソッド 92, 100
For Each...Next ステートメント 51
　終了する 42
For...Next ステートメント
　終了する 42
Format 関数 74
Function プロシージャ 11
　終了する 42

H

HeaderRowRange 135
Header プロパティ 120

I

If ステートメント 56
　入れ子にする 63
　分割する 57
INDEX 関数 87
IsDate 関数 197
IsNumeric 関数 197
Is 演算子 94
Is キーワード 46

L

LARGE 関数 86
ListColumn 136, 147
ListColumns コレクション 136, 147
　Add メソッド 152
　Count プロパティ 153
ListObject.Range 133
ListObjects コレクション 129
ListObject オブジェクト 128, 143
ListRow 138
ListRows コレクション 138
LookAt 92
LookIn 92

M

MatchByte 92
MatchCase プロパティ 92, 120
MATCH 関数 87
MkDir ステートメント 79

N

Next 168
Nothing 33, 94
Now 関数 73
NumberFormat プロパティ 178
Number プロパティ 167

O

Object 32
Offset プロパティ 97, 107
On Error Resume Next 168
On Error ステートメント 163
Open メソッド 68

Index

Operator ... 104
Option Explicit ステートメント ... 160
Orientation プロパティ ... 120
Or 演算子 ... 56, 58

P

Phonetic オブジェクト ... 124
Preserve キーワード ... 30
ProtectStructure プロパティ ... 170

R

ReDim ステートメント ... 29
Replace 関数 ... 173
Resize プロパティ ... 101
Resume ... 168

S

SaveAs メソッド ... 73, 168
Saved プロパティ ... 169
SearchDirection ... 92
SearchFormat ... 93
SearchOrder ... 92
Select Case ステートメント ... 45
Selection ... 53
SetRange メソッド ... 119
Set ステートメント ... 33
SMALL 関数 ... 86
SortFields コレクション
　Add2 メソッド ... 116
　Clear メソッド ... 117
SortField オブジェクト ... 115
SortMethod プロパティ ... 120
Sort オブジェクト ... 115
　Apply メソッド ... 119
　Header プロパティ ... 119
　MatchCase プロパティ ... 119
　Orientation プロパティ ... 119
　SetRange メソッド ... 119
　SortMethod プロパティ ... 119, 122
Sort メソッド ... 121
　引数 Header ... 121
　引数 Key1 ... 121
　引数 Order1 ... 121
　引数 SortMethod ... 122
Split 関数 ... 27, 174
Stop ステートメント ... 193
StrConv 関数 ... 171
SUBTOTAL 関数 ... 108
Sub プロシージャ ... 8
　終了する ... 42
SUMIF 関数 ... 84
SUM 関数 ... 84

T

ThisWorkbook ... 72
TypeName 関数 ... 196

U

UBound 関数 ... 28
Until ... 48

V

Variant ... 27
VBAProject のコンパイル ... 161
vbNarrow ... 172
vbWide ... 172
VLOOKUP 関数 ... 87

Excel VBA Standard
Index

W

What	92
While	48
With ステートメント	145
Workbooks コレクション	
Open メソッド	68
Workbook オブジェクト	
ProtectStructure プロパティ	170
SaveAs メソッド	73, 168
Saved プロパティ	169
WorksheetFunction	82, 108

X

xlDown	111
xlFilterValues	106
xlPart	93
xlToRight	100
xlUp	111
xlWhole	93
Year 関数	73

あ

アクティブセル領域	107
値の共有	21
値渡し	18
値を返す	11, 13
暗黙の宣言	189
一時停止する	191, 193
イミディエイトウィンドウ	185
インクリメント	35
インデックス番号	25
エラー	159, 183
エラー番号	167
エラーメッセージ	167
エラーを無視する	168
大きい順	86
オートフィルター	103, 144
解除する	112
絞り込む	104
オブジェクト型	32
オブジェクト変数	32, 51
オブジェクトを格納する	33
宣言する	32
［オプション］ダイアログボックス	160

か

カウントする	35, 84
漢字を並べ替える	122
完全一致	93
簡略化	5
キー	115
記述エラー	158
行	138, 143
行全体を削除する	96
区切り文字	27, 174
繰り返し処理	48
終了する	43, 44
結合する	39, 68
月末の日	89
現在の日時	73
検索	92
合計する	37, 84
降順	118, 121
構造化参照	140
コピーする	77, 144
コレクション	51
コンパイル	159
コンパイルエラー	159

さ

最終セル	111
細分化	3
参照渡し	18
実行時エラー	161
絞り込みを解除する	148
絞り込みをクリアする	112
絞り込む	104
ジャンプする	163
条件分岐	45, 56
昇順	118, 121
初期値	36
除去する	174
書式記号	74, 178
書式を設定する	148
処理を終了する	42
処理を分岐する	45
シリアル値	176
数式	153
ステップイン	195
ステップ実行	195
セルの書式設定	75
セル範囲	52
セル範囲を拡張する	101
セルを検索する	92
全角	171
ソート	114

た

代入演算子	35
小さい順	86
置換する	174
抽象化	2
月	75
次に実行する行	195

データ全体	134, 142
データの個数	108
テーブル	128
行	138, 143
行全体を削除する	149
絞り込む	144
数式	153
列	136, 142
列を挿入する	152
テーブル全体	133, 141
テーブル名	131
デバッグ	182
デバッグモード	184, 191
動的配列	29
特殊項目指定子	141
年	73, 75
ドッキング	186

な

名前機能	131
名前を付けて保存する	73
並べ替え	114
二値	56

は

配列	24, 54
受け取る	27
宣言する	25
分割する	27, 174
配列形式	106
バグ	162
バリアント型	27, 55
半角	171
日	75
引数	15, 21

Excel VBA Standard
Index

日付の操作	175
日付を作る	90
ひとかたまりのセル範囲	107
表示形式	74
表示されているセル	110
ファイル名	68
ファイルをコピーする	77
フォルダーを作成する	79
複数の条件	46, 56
ブックを開く	68
ブックを保存する	73
部分一致	93
ふりがな	122, 123, 124
[ふりがなの表示/非表示] ボタン	123
ブレークポイント	191
フローティング	186
プロシージャ	8
終了する	43
文法エラー	182
変数	24
[変数の宣言を強制する]	160

ま

マクロを一時停止する	191, 193
見出し行	135
無限ループ	50
モジュールレベル変数	9, 21
文字列	
結合する	39, 68
除去する	173
戻り値	11

や

要素	25
要素数	26, 29

要素の下限	26, 27
要素の上限	26, 28

ら

ラベル	163
列	136, 142
列指定子	141
列全体を検索する	94
列の数	152
論理エラー	159, 183

わ

ワークシート関数	82

● 著者プロフィール

田中 亨（たなか とおる）

Microsoftが豊富な知識と経験を持つ方を表彰するMVP（Most Valuable Professional）プログラムのExcel MVPを受賞。
ExcelやExcel VBAに関する雑誌や書籍を多数執筆。わかりやすく実践的なセミナーをモットーにExcel VBAセミナーの講師としても活躍中。
一般社団法人実践ワークシート協会代表理事。

VBAエキスパート 公式テキスト
Excel VBAスタンダード

2019年7月26日　初版 第1刷発行
2023年8月4日　初版 第7刷発行

著者	田中 亨
発行	株式会社オデッセイ コミュニケーションズ
	〒100-0005　東京都千代田区丸の内3-3-1　新東京ビルB1
	E-Mail：publish@odyssey-com.co.jp
印刷・製本	中央精版印刷株式会社
カバーデザイン	柿木原 政広　渡部 沙織　10inc
本文デザイン・DTP	BUCH+

・本書は著作権法上の保護を受けています。本書の一部または全部について（ソフトウェアおよびプログラムを含む）、株式会社オデッセイコミュニケーションズから文書による許諾を得ずに、いかなる方法においても無断で複写、複製することは禁じられています。無断複製、転載は損害賠償、著作権上の罰則対象となることがあります。

・本書の内容に関するご質問は、上記の宛先まで書面、もしくはE-Mailにてお送りください。お電話によるご質問、および本書に記載されている内容以外のご質問には、一切お答えできません。あらかじめご了承ください。

・落丁・乱丁はお取り替えいたします。上記の宛先まで書面、もしくはE-Mailにてお問い合わせください。

© 2019 Odyssey Communications, Inc.　　ISBN978-4-908327-12-4 C3055